Forschungsberichte

Band 77

**Berichte aus dem
Institut für Werkzeugmaschinen
und Betriebswissenschaften
der Technischen Universität
München**

Herausgeber:
Prof. Dr.-Ing. G. Reinhart
Prof. Dr.-Ing. J. Milberg

Springer-Verlag
Berlin Heidelberg GmbH

Peter Raith

Programmierung und Simulation von Zellenabläufen in der Arbeitsvorbereitung

Mit 51 Abbildungen

Springer-Verlag
Berlin Heidelberg GmbH 1995

Dipl.-Ing. Peter Raith
Institut für Werkzeugmaschinen und Betriebswissenschaften (iwb), München

Univ.-Prof. Dr.-Ing. G. Reinhart
o. Professor an der Technischen Universität München
Institut für Werkzeugmaschinen und Betriebswissenschaften (iwb), München

Univ.-Prof. Dr.-Ing. J. Milberg
o. Professor an der Technischen Universität München
Institut für Werkzeugmaschinen und Betriebswissenschaften (iwb), München

D 91

ISBN 978-3-540-58223-6   ISBN 978-3-662-09505-8 (eBook)
DOI 10.1007/978-3-662-09505-8

Geleitwort der Herausgeber

Die Produktionstechnik ist für die Weiterentwicklung unserer Industriegesellschaft von zentraler Bedeutung. Denn die Leistungsfähigkeit eines Industriebetriebes hängt entscheidend von den eingesetzten Produktionsmitteln, den angewandten Produktionsverfahren und der eingeführten Produktionsorganisation ab. Erst das optimale Zusammenspiel von Mensch, Organisation und Technik erlaubt es, alle Potentiale für den Unternehmenserfolg auszuschöpfen.

Um in dem Spannungsfeld Komplexität, Kosten, Zeit und Qualität bestehen zu können, müssen Produktionsstrukturen ständig neu überdacht und weiterentwickelt werden. Dabei ist es notwendig, die Komplexität von Produkten, Produktionsabläufen und -systemen einerseits zu verringern und andererseits besser zu beherrschen.

Ziel der Forschungsarbeiten des *iwb* ist die ständige Verbesserung von Produktentwicklungs- und Planungssystemen, von Herstellverfahren und Produktionsanlagen. Betriebsorganisation, Produktions- und Arbeitsstrukturen und Systeme zur Auftragsabwicklung im Unternehmen werden unter besonderer Berücksichtigung mitarbeiterorientierter Anforderungen entwickelt. Die dabei notwendige Steigerung des Automatisierungsgrades darf jedoch nicht zu einer Verfestigung arbeitsteiliger Strukturen führen. Fragen der optimalen Einbindung des Menschen in den Produktentstehungsprozeß spielen deshalb eine sehr wichtige Rolle.

Die im Rahmen dieser Buchreihe erscheinenden Bände stammen thematisch aus den Forschungsbereichen des *iwb*. Diese reichen von der Produktentwicklung über die Planung von Produktionssystemen hin zu den Bereichen Fertigung und Montage. Steuerung und Betrieb von Produktionssystemen, Qualitätssicherung, Verfügbarkeit und Autonomie sind Querschnittsthemen hierfür. In den *iwb*-Forschungsberichten werden neue Ergebnisse und Erkenntnisse aus der praxisnahen Forschung des *iwb* veröffentlicht. Diese Buchreihe soll dazu beitragen, den Wissenstransfer zwischen dem Hochschulbereich und dem Anwender in der Praxis zu verbessern.

Joachim Milberg   *Gunther Reinhart*

Vorwort

Die vorliegende Dissertation entstand während meiner Tätigkeit als wissenschaftlicher Mitarbeiter am Institut für Werkzeugmaschinen und Betriebswissenschaften (iwb) der Technischen Universität München.

Herrn Prof. Dr.-Ing. J. Milberg, dem Leiter dieses Instituts, gilt mein besonderer Dank für die wohlwollende Förderung und für die wertvollen Hinweise, die zum erfolgreichen Abschluß meiner Arbeit entscheidend beigetragen haben.

Herrn Prof. Dr.-Ing. J. Heinzl, dem Leiter des Lehrstuhls für Feingerätebau und Getriebelehre, danke ich für die Übernahme des Koreferates und die aufmerksame Durchsicht der Arbeit.

Darüber hinaus möchte ich allen Mitarbeiterinnen und Mitarbeitern des Instituts und allen Studenten, die mich bei der Erstellung meiner Arbeit unterstützt haben, recht herzlich danken.

München, im Mai 1993   *Peter Raith*

Inhaltsverzeichnis

1 Einleitung und Zielsetzung

1.1 Produktabhängige Software – Ein Problem bei der Produktionsumstellung

Software nimmt bei Produktionssystemen einen immer größeren Raum ein (Abbildung 1.1 aus [1]). Es kann bei ihr zwischen anlagenabhängigen, wie den Systemprogrammen und produktabhängigen Teilen unterschieden werden. Während der ersten Kategorie beispielsweise die Systemsoftware von Roboter– oder NC–Maschinensteuerungen angehört, die meist mit der Beschaffung der Maschinen und Anlagen zugekauft wird, fallen in die zweite Gruppe Programme, die an das Produkt angepaßt werden müssen, wie RC– und NC–Programme und daher vom Betreiber des Produktionssystems selbst erzeugt werden müssen.

Eine hierarchische Unterteilung des Produktionssystems, wie sie in [2] vorgeschlagen wird, läßt eine genauere Betrachtung der Produktabhängigkeit der Software zu (Abbildung 1.2): Für die *Planungsebene (PPS-System)* spielen Produktänderungen kaum eine Rolle, die hier eingesetzte Software betrachtet Auftragsdaten, produktabhängig ist hier lediglich die Dauer der einzelnen Aufträge. Auf der *Leitebene* sind beispielsweise die zur Einplanung der Zellenaufträge nötigen Arbeitspläne produktspezifisch.

Die *Zellenebene* wickelt die ihr von der Leitebene übertragenen Zellen-

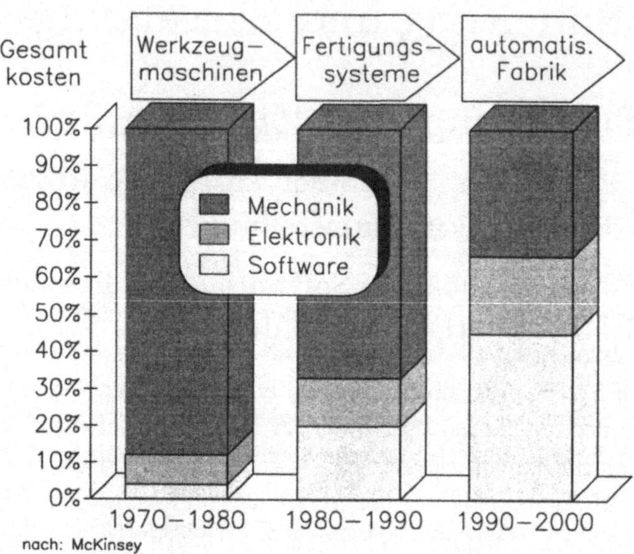

Abbildung 1.1: Entwicklung der Kosten für Software bei Produktionssystemen [1]

aufträge ab. Sie überwacht die Fertigungsabläufe innerhalb einer Zelle.
Diese Abläufe sind kaum mehr von dem jeweiligen Auftrag abhängig.
Vielmehr sind sie vom zu fertigenden Produkt abhängig, so daß der gleiche Ablauf für alle Aufträge eines bestimmten Produktes Verwendung
findet. Es wird lediglich die Losgröße variiert. Auf der *Steuerungsebene
(RC-, NC-Steuerung)* werden die von der Zellenebene gestarteten Aktionen (NC-, RC-, SPS-Programme) abgearbeitet. Diese sind hochgradig
produktabhängig und müssen schon bei Varianten, die keine Änderungen
des Zellenablaufs nötig machen, angepaßt werden.

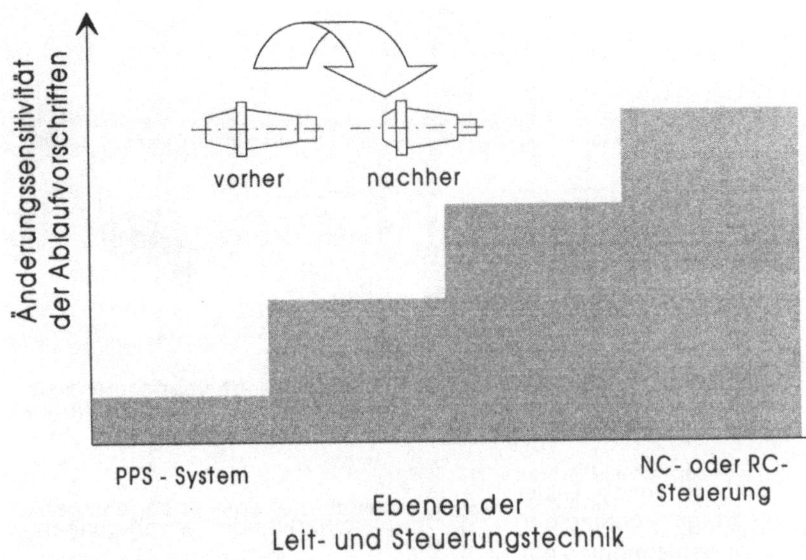

Abbildung 1.2: Produktbindung von Software auf unterschiedlichen Ebenen

Produktspezifische Software, und nur sie wird weiterhin berücksichtigt, muß vor dem Anlaufen der Produktion erstellt werden und verlängert damit die Produktionsplanungs-/Installationsphase. Die Überprüfung und letztendliche Anpassung der Ablaufvorschriften, also das Einfahren, erfolgt dabei erst an der realen Anlage, da dies oft die erste Gelegenheit darstellt, bei der das Zusammenspiel der einzelnen Module der Steuerungen und ihrer Ablaufvorschriften mit der Produktionsanlage getestet werden kann. Häufig kommt es zu erheblichen Verzögerungen. Teilweise sind sie auf schwer vorhersehbare Unvereinbarkeiten zwischen dem geplanten Produktionsablauf und der realisierten Produk-

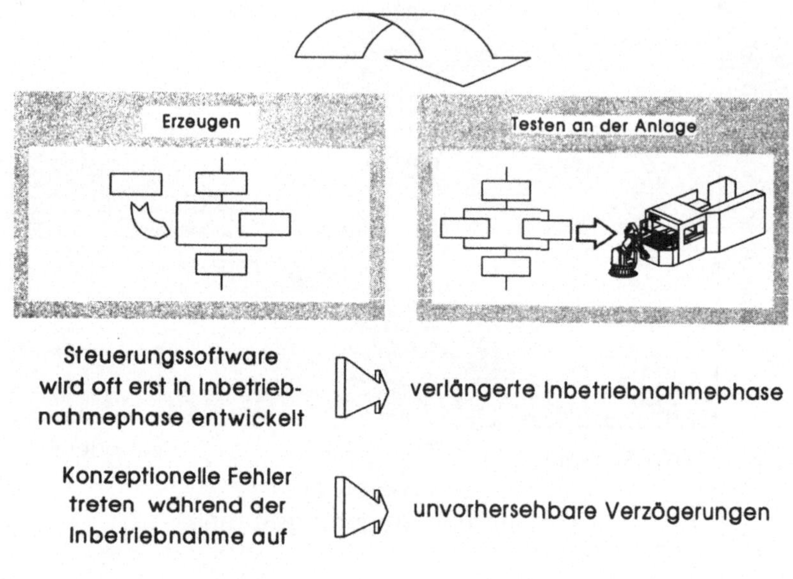

Abbildung 1.3: Probleme bei der Programmierung von Ablaufvorschriften

tionsanlage zurückzuführen, die eine Umgestaltung der Produktionsanlage oder grundlegende Änderungen der Ablaufvorschriften nötig machen
und zusätzlich Kosten verursachen (Abbildung 1.3).

Für die Erstellung und den Test von Programmen auf der Steuerungsebene stehen Hilfsmittel zur Verfügung, die die Anwender bei Erstellung
und Test von RC–, NC– und SPS–Programmen unterstützen [3, 4, 5].
Unterstützungswerkzeuge für die Leitebene sind Ziel neuer Ansätze [6].
Für die Zellenebene werden keine äquivalenten Werkzeuge angeboten.

1.2   Ziel der Arbeit

Ziel dieser Arbeit ist es, ein Werkzeug zu konzipieren, das die Programmierung von Ablaufvorschriften auf Zellenebene offline, ohne reales Produktionssystem, ermöglicht. Einerseits soll es damit möglich werden, bereits vor und während der Realisierung der Fertigungszelle die notwendigen Zellenabläufe zu erzeugen und so Zeit bei der Inbetriebnahme der Anlage zu sparen. Andererseits können mit Hilfe eines derartigen Systems Zellenabläufe für neue Produkte generiert werden, ohne die bereits laufende Produktion zu beeinträchtigen, was eine Erhöhung der Verfügbarkeit der Fertigungszelle mit sich bringt (Abbildung 1.4). Voraussetzung hierfür ist, daß die erzeugten Zellenabläufe weitgehend frei von Fehlern sind, da eine ausgiebige Fehlersuche die erreichten Zeitvorteile bzw. Verfügbarkeitserhöhungen wieder zunichte machen würde.

Damit durch dieses System nicht nur eine Verlagerung von Aufgaben vorgenommen wird, sondern der Vorteil der Zeitersparnis hinzukommt, soll der Bediener bei der Bewältigung dieser Aufgabe besonders unterstützt werden. Eine Zeitersparnis wird auf vier Arten erreicht [7].

- *Beschleunigung:* Arbeitsgänge werden schneller ausgeführt. Neue Verfahren und Werkzeuge helfen den Entwicklern und Planern, ihre Arbeit in kürzerer Zeit zu erledigen und ihnen gleichzeitig mehr Zeit für ihre eigentlichen "kreativen" Tätigkeiten zu geben.

- *Konzentration:* Eine strenge Überwachung des Fortschritts unter besonderer Berücksichtigung zeitkritischer Problemlösungen und eine Konzentration auf das Ziel kann aufwendige, für den Projektverlauf eher nachteilige Lösungen vermeiden.

- *Fehlervermeidung:* Fehler lassen sich bei Planungsvorgängen nicht

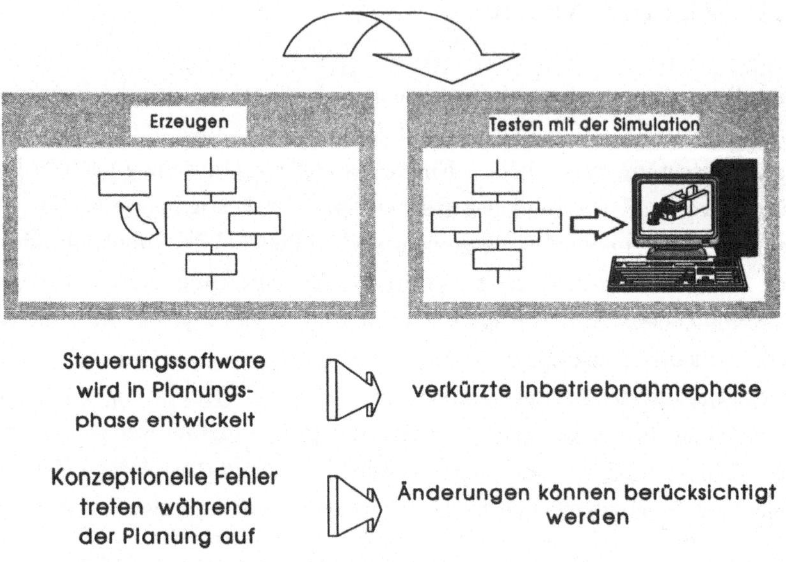

Abbildung 1.4: Vorteile der Offline–Programmierung von Ablaufvorschriften

ausschließen. Bei genauerer Analyse stellt man fest, daß sie unterschiedlichen Ursprungs sind. Die erste Gruppe von Fehlern wird
vom Planer durch falsche Schlußfolgerungen trotz korrekter Ausgangsdaten gemacht. Eine Unterstützung des Planers durch graphische Planungshilfsmittel, die zu einer Aufteilung der Schlußfolgerungen in überschaubare und leicht nachvollziehbare Teilschritte
zwingen, kann hier helfen. Eine weitere Gruppe entsteht durch
korrekte Schlußfolgerungen ausgehend von unvollständigen Ausgangsdaten. Dies kann auf das Fehlen von Daten, aber auch auf
eine unübersichtliche Präsentation der Daten, die dazu führt, daß

der Planer relevante Daten nicht berücksichtigt, zurückzuführen sein. Eine ergonomische Präsentation aller, für die Entscheidung notwendigen Daten führt zu einer Verbesserung. Letztlich können falsche Ausgangsdaten zu Fehlern führen. Eine Plausibilitätsprüfung der Ausgangsdaten kann hierbei helfen.

- *Parallelisierung:* Dem Entwickler wird die Möglichkeit gegeben, die Ablaufvorschriften gleichzeitig mit der Realisierung der Anlage zu erzeugen. Dabei kann er auch schon weitgehende Tests durchführen, so daß eine wesentlich kürzere Einfahrzeit benötigt wird.

Es soll daher ein System geschaffen werden, daß es erlaubt schnell und zielgerichtet fehlerarme Zellenabläufe parallel zur der Realisierung der Anlage oder bereits laufenden Produktion zu erzeugen.

1.3   Vorgehensweise

Zu Beginn sollen die Grundlagen der Steuerungstechnik auf Zellenebene aufgezeigt werden, um daraus Vorgehensweisen für die Erzeugung von Ablaufvorschriften abzuleiten. Ein Überblick über vorhandene Werkzeuge zur Ablauferzeugung wird diesen Abschnitt abschließen.

Im Anschluß daran, wird ein Anforderungskatalog für ein Planungswerkzeug erstellt. Die Einordnung der Erzeugung von Ablaufvorschriften auf Zellenebene in den Gesamtzusammenhang der Planung und des Betriebs von Produktionsanlagen bildet hier den Ausgangspunkt.

Die Konzeption eines Werkzeuges, das diesen Anforderungen genügt, wird in einem darauf folgenden Schritt ausgeführt. Besonderes Gewicht wird dabei auf die Schaffung eines Systems gelegt, das nach Bedarf und Belieben des Bedieners aus unterschiedlichen Funktionsmodulen konfiguriert werden kann.

Daraufhin wird ein auf dem ausgearbeiteten Konzept basierender Prototyp realisiert. Dieser soll die Einsetzbarkeit eines derartigen Werkzeuges demonstrieren. Durch die frühzeitige Einbindung der Benutzer wird zudem versucht, eine benutzergerechte Gestaltung der Bedieneroberfläche zu fördern [8]. Bei der Entwicklung des Prototyps sollen die Grundlagen moderner Softwaretechnologie berücksichtigt werden, um die geforderte, weitestgehende Flexibilität zu ermöglichen.

Eine Diskussion der Ergebnisse und ein Ausblick werden den Abschluß der Arbeit bilden.

2 Zellensteuerung und –programmierung

2.1 Überblick

Als Grundlage für die Programmierung von Ablaufvorschriften auf Zellenebene wird eine Einordnung der Fertigungszelle in das Fertigungssystem vorgenommen. Die Steuerung von Zellen wird im Anschluß daran näher betrachtet, verfügbare Werkzeuge werden aufgezeigt und unter dem Gesichtspunkt der Zellenablaufprogrammierung, oder kurz Zellenprogrammierung, klassifiziert. Die Darstellung der Problematik der Programmierung von Abläufen auf Zellenebene, die sich aus der Einführung moderner, flexibler Zellenrechner ergibt, wird als nächstes vorgenommen. Abschließend wird ein Überblick über den Stand der Technik und die Entwicklung der Systeme zur Zellenprogrammierung gegeben. Dabei werden die unterschiedlichen Ansätze und Ziele herausgearbeitet. Den Abschluß bildet die Darstellung der herausgearbeiteten Problemstellung.

2.2 Die Zellenebene als Hierarchiestufe in einem Produktionssystem

Die Zunahme der Komplexität eines Fertigungssystems führt zu einem Absinken seiner Verfügbarkeit [9]. Dabei erfolgt die Abnahme nicht proportional zum Anstieg der Komplexität, sondern es tritt ein überdurchschnittlicher Abfall der Verfügbarkeit beim Übergang von einem System mittlerer zu einem System hoher Komplexität auf, wie Abbildung 2.1 [9] zeigt. Dies bedeutet, daß hochgradig komplexe Systeme vermieden werden sollten. Die Aufteilung in autonome, entkoppelte Teilsysteme geringerer Komplexität wird als Lösung dieses Problems vorgeschlagen [10]. Der Ausfall eines der Teilsysteme hat somit nicht unmittelbar den Ausfall des Gesamtsystems zur Folge. Die Bildung umfangreicherer Systeme kann durch Verknüpfung der autonomen Teilsysteme ohne große Verfügbarkeitsminderung durchgeführt werden.

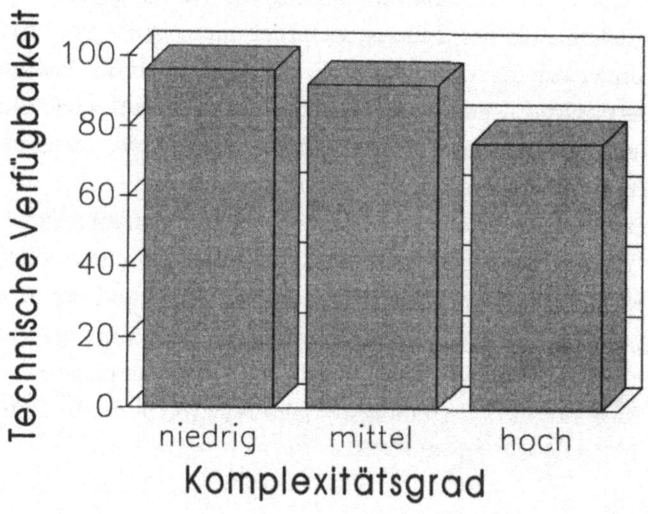

Abbildung 2.1: Technische Verfügbarkeit von Fertigungsanlagen [9]

Bei flexiblen Fertigungssystemen kann eine Entkopplung erreicht werden, indem die natürliche Aufteilung der Arbeitsfolge eines mehrstufigen Fertigungsauftrags auf mehrere Arbeitsstationen ausgenutzt wird. Dies führt materialflußtechnisch zu möglichst autonomen Fertigungszellen, die jeweils aus einer Arbeitsstation und der ihr zugeordneten Peripherie bestehen. Gleichzeitig läßt sich damit eine informationsflußtechnische Entkopplung verbinden, wenn jede Fertigungszelle unter die Führung einer eigenständigen Zellensteuerung gestellt wird. Die Zellenstruktur ersetzt auf keinen Fall die übergeordneten Strukturen [11, 12, 13, 14], sorgt jedoch für eine exakte Aufgabentrennung zwischen einzelnen Hierarchiestufen in der flexiblen Fertigung.

Nach [2] wird eine fünfstufige Hierarchie in der Steuerungstechnik vorgeschlagen (Abbildung 2.2). Auf der Planungsebene werden Aufgaben behandelt, die fertigungsübergreifende Ziele betreffen, z. B. die Produktionsplanung und –steuerung. Während die Leitebene eher planerische und statistische Aufgaben wahrnimmt, sorgt die Zellenebene für die echtzeitgerechte Durchführung der Fertigungsvorgänge vor Ort. Deshalb kann sich die Synchronisation zwischen Leitrechner und Zellensteuerung im störungsfreien Betrieb auf die Übermittlung hinsichtlich Größe und Einsatzzeitpunkt richtig bemessener Auftragspakete und die Quittierung nach deren Ausführung beschränken. Die Steuerungsebene übernimmt diese Vorgaben von der Zellenebene und setzt die Aktionen in Bearbeitungs–, Handhabungs– und Transportsequenzen um, die in der Aktor-/Sensorebene ausgeführt werden.

Auf Zellenebene findet dagegen ein weitaus regerer Informationsaustausch horizontal zwischen den Zellensteuerungen zur Synchronisation von Betriebsmittel- und Werkstückbedarf statt [15]. In Abbildung 2.3 aus [16] ist die durchgängige Realisierung des Zellengedankens am Beispiel einer flexibel automatisierten Werkstattfertigung für die Bearbeitung rotationssymetrischer bzw. einfacher prismatischer Teile dar-

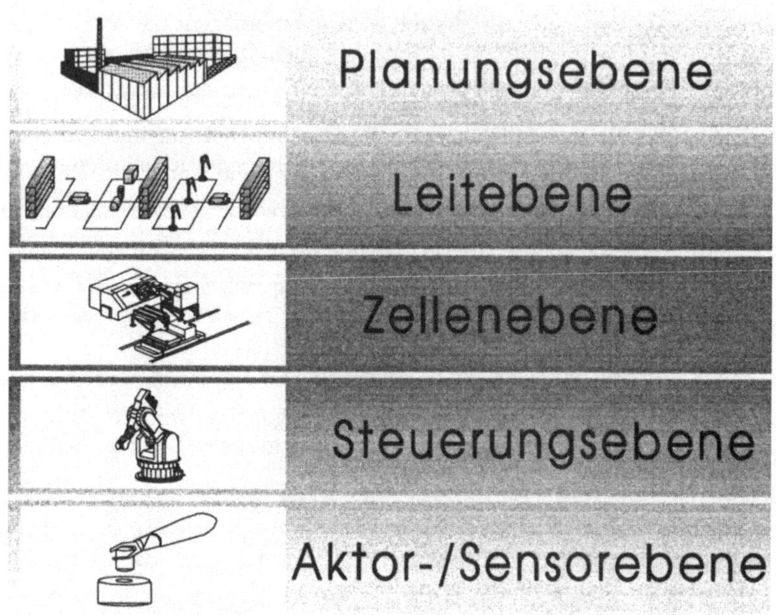

Abbildung 2.2: Hierarchiestufen der Steuerungstechnik (nach [2])

gestellt. Der Zellensteuerungseinsatz führt nicht nur zu einer Entkopplung im Informationsfluß, sondern bewirkt auch die aufgrund der
hohen Datenaufkommen heutiger Fertigungssysteme erforderliche Da-
tenkonzentration und wird zudem den steigenden Anforderungen an
die Leistungsfähigkeit und den Komfort der Rechnerausstattung im
Werkstattbereich gerecht [17]. Neben der Steigerung der Verfügbarkeit aufgrund der strukturellen Verbesserungen durch die Einführung
der Zellenebene, kann eine weitere Erhöhung des Nutzungsgrades durch

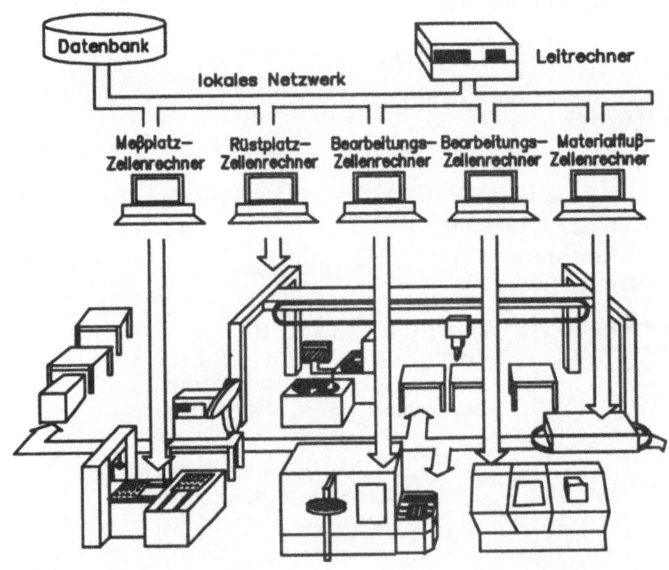

Abbildung 2.3: Informationsfluß in einer flexiblen Fertigung [16]

eine weitgehende Ausnutzung möglicher Nebenläufigkeiten innerhalb der
Zelle sowie durch eine Verkürzung der Stillstandszeiten durch eine geeignete Unterstützung des Bedieners bei der Lokalisierung und Behebung
von Fehlern erreicht werden.

2.3 Aufgaben einer Zellensteuerung

Die sich ergebenden Aufgaben lassen sich drei Kernbereichen zuordnen
(Abbildung 2.4):

- Auftragseinplanung,

- Auftragsdurchfühung und

- Diagnose.

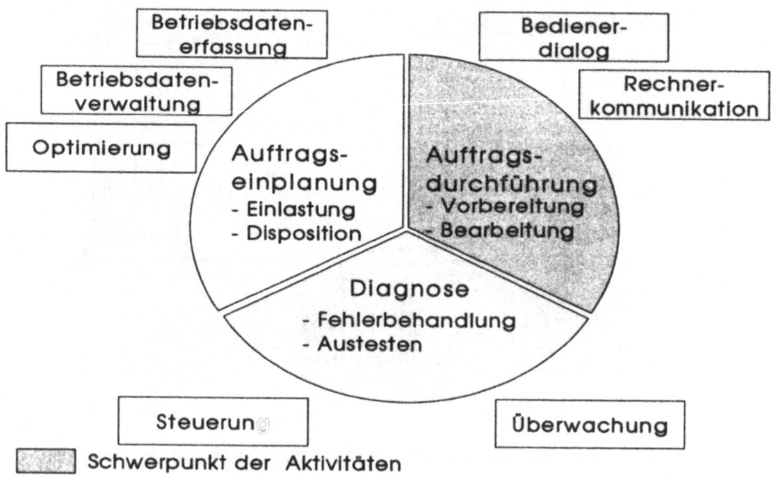

Abbildung 2.4: Funktionsumfang einer zeitgemäßen Zellensteuerung [18]

Die Auftragsabwicklung, bestehend aus Auftragseinplanung und Auftragsdurchführung, umfaßt dabei zweckmäßigerweise den fehlerfreien Fall, während eine zentrale, umfassende Fehlerbehandung bei der Diagnose durchgeführt wird. Während der Auftragseinplanung werden zunächst Zellenaufträge manuell durch den Bediener oder automatisiert durch den übergeordneten Leitrechner in die Zellensteuerung eingelastet (Auftragseinlastung). Die so entstandene Auftragsschlange wird im Anschluß daran disponiert (Dispositionsphase). Dadurch wird die Reihenfolge festgelegt, in der die Aufträge schließlich abgearbeitet werden. Als erstes Kriterium hierfür wird eine Prioritätenregelung vorgeschlagen [18]. Darüberhinaus kann die Auftragsreihenfolge auch nach unterschiedlichen Kriterien optimiert werden. Denkbar ist hier eine Rüstzeitoptimierung.

Den Kern der Auftragsabarbeitung bildet die Auftragsdurchführung. Hierbei wird der zum jeweiligen Auftrag gehörige Zellenablauf in zwei Phasen abgearbeitet. Während der Vorbereitungsphase, die aus Gründen der Zeitersparnis, soweit möglich, bereits parallel zur Bearbeitung des vorherigen Auftrags ausgeführt wird, werden die zur Durchführung des Auftrags notwendigen Betriebsmittel bei der Betriebsmittelverwaltung angefordert und die Zelle aufgerüstet. In der anschließenden Bearbeitungsphase werden die eigentlichen Bearbeitungsschritte ausgeführt. Die Einsatzflexibilität einer Zellensteuerung wird in entscheidendem Maß von der Ablaufsteuerung bestimmt. Sie bildet die zentrale Wirkstelle für die zeitliche und logische Koordination der Arbeitsschritte in den untergeordneten Gerätesteuerungen.

Während Auftragseinplanung und -durchführung im regulären Betrieb weitgehend automatisiert ablaufen, wird im Störfall der Bediener bei der Fehlerlokalisierung und -behebung sowie dem Wiederanlauf durch ein Diagnosesystem unterstützt. Weitere Dienstleistungsmodule, die beispielsweise die Kommunikation mit den Steuerungen auf Komponentenebene durchführen, kommen zu diesen Kernmodulen hinzu.

2.4 Steuerung von Zellenabläufen

Der für die Auftragsdurchführung in der Zellensteuerung notwendige Funktionsumfang, läßt sich hinsichtlich der gewünschten Flexibilität klassifizieren. Je nach Einsatz werden unterschiedliche Grade der

Ablaufunabhängigkeit der Zellensteuerungen angestrebt. Bei der Serien–
und Variantenfertigung [19] ist die Ablaufsteuerung meist starr auf den
speziellen Einsatzfall zugeschnitten und fest in die Zellensteuerungssoftware eingeprägt. Außer im Rahmen der Parametrisierung bleibt dem
Endbenutzer keine Möglichkeit, in die maßgeschneiderte Software einzu-
greifen [20, 21]. Eine solche Parametrisierung ist bei sich wiederholenden
Abläufen, wie sie in Bearbeitungszellen üblicherweise vorgefunden werden, ausreichend.

Diese Flexibilität stößt in komplexen, flexiblen Montagezellen an ihre
Grenzen [22]. Die zunehmende Variantenvielfalt sowie die immer weiter
steigende Produktvielfalt aufgrund immer kürzer werdender Produktle-
benszyklen erfordert hier auch bei konstanter Zellenkonfiguration unterschiedliche, artikelabhängige Zellenabläufe.

Die Zellenabläufe müssen von den Anwendern erzeugt werden. Um
die Zellenabläufe flexibel gestalten zu können, werden in der Regel
speicherprogrammierbare Steuerungen (SPS) [23, 24] eingesetzt, die
sich durch ihre einfache Art der Anwendungsprogrammierung aufgrund
von Symbolen auszeichnen. Zunehmend werden auch Zellenrechner
für diese Aufgabe eingesetzt, da immer öfter zusätzliche Funktionalitäten, beispielsweise Diagnosefähigkeit auf Zellenebene, gefordert werden [18, 25, 26, 27, 28], die von speicherprogrammierbaren Steuerungen nicht mehr geleistet werden können. In Abbildung 2.4 (nach [18])
sind die Funktionalitäten einer Zellensteuerung aufgezeigt. Aufgrund des
geforderten hohen Entkoppelungsgrades der einzelnen Fertigungszellen,
sind große Teile davon in den Zellensteuerungen zu realisieren. Schwerpunkte liegen dabei auf der Steuerung des Zellenablaufs sowie auf der
Kommunikation mit den Gerätesteuerungen. Die Ablaufsteuerung dieser
Zellenrechner basiert meist auf Petri–Netzen [18, 29, 30, 31, 32, 33], da
diese Beschreibungsform in der Lage ist, beliebige Abläufe darzustellen.

Neben den Petri-Netz basierten Systemen wird in anderen Arbeiten [34] ein objektorientierter Ansatz verfolgt.

In neuen Ansätzen [35, 36, 37] soll die Ablaufsteuerung durch die Ankopplung eines Expertensystems in die Lage versetzt werden, Abläufe selbständig zu generieren, so daß eine Programmierung nicht mehr nötig ist. Es handelt sich bei diesen Systemen vorerst jedoch lediglich um Konzepte.

2.5 Programmierung von Zellenabläufen

Eine Festlegung der Zellenabläufe muß also durch den Bediener erfolgen. Bei der Beschreibung eines Zellenablaufs lassen sich unterschiedliche Betrachtungsweisen hinsichtlich des zugrundeliegenden Zeitkonzeptes unterscheiden [38] (Abbildung 2.5). Der Zeitpunkt, zu dem der Zellenablauf bestimmt werden kann, hängt von der jeweiligen Betrachtungsweise ab.

Bei einem *linearen Zeitkonzept* (zeitlich – kapazitive Betrachtung) wird die Zeit als Gerade betrachtet, die von der Vergangenheit in die Zukunft reicht. Zur Beschreibung eines Ablaufs dienen die absoluten Zeitpunkte, des Beginns und des Endes eines Vorgangs. Ziel dieser Betrachtungsweise ist die Bewirtschaftung der Zeit, um zum Beispiel möglichst viele Vorgänge in einem gegebenen Zeitraum abzuarbeiten, wie es auf der *Planungsebene* im Vordergrund steht. Bei diesem Konzept erfolgt die Generierung der Ablaufstruktur erst mit der Festlegung der Aufträge.

Beim *prozeduralen Zeitkonzept* (zeitlich – logische Betrachtung) steht dagegen die für einen Vorgang benötigte Dauer nicht im Vordergrund. Hier kommt es darauf an, die korrekte Reihenfolge der Vorgänge einzuhalten.

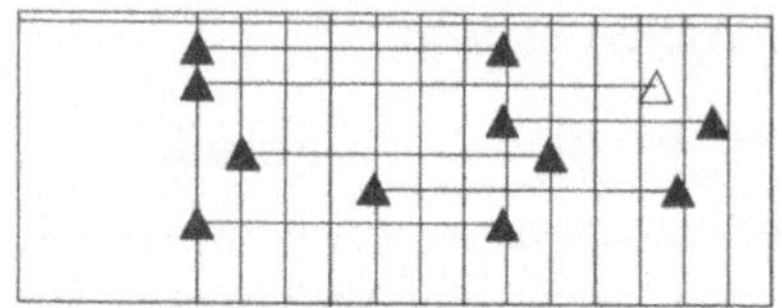

lineares Zeitkonzept

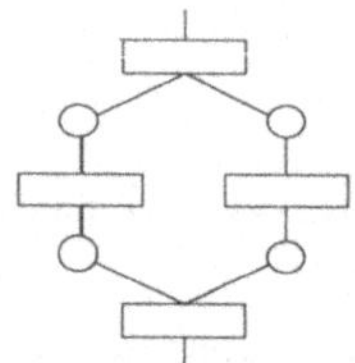

prozedurales Zeitkonzept

Abbildung 2.5: Lineares und prozedurales Zeitkonzept

Es wird dabei nicht mit absoluten Zeitpunkten sondern mit Zeitintervallen gearbeitet. Die Minimierung der Gesamtdauer ist dabei nur in dem Maße sinnvoll, in dem die vom Ablauf vorgegebenen Randbedingungen beachtet werden. Diese Betrachtungsweise ermöglicht auch die Vorausplanung von Abläufen, die dann zur Laufzeit erst an einen absoluten Zeitpunkt gebunden werden. Der Ablauf entspricht dabei einer Klasse, die bei der Bindung an einen Zeitpunkt instanziert wird. Auf *Zellenebene* kann mit diesem Konzept gearbeitet werden, da der Ablauf lediglich von dem zu fertigenden Produkt abhängt. Hier spielt es beispielsweise keine Rolle, ob der Ablauf vormittags oder nachmittags abgearbeitet wird.

Ein Programmiersystem für Zellenabläufe kann demnach nicht mit ei-

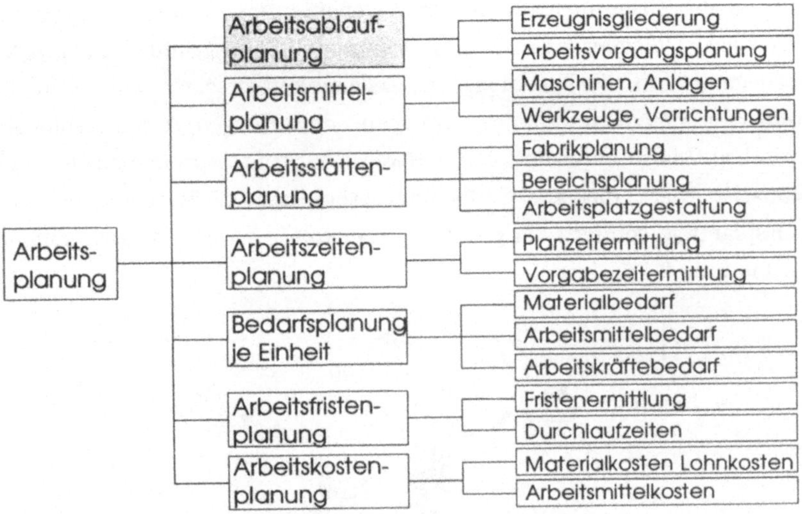

Abbildung 2.6: Aufgaben der Arbeitsplanung [39]

nem PPS- oder einem Leitsystem, das Ablaufstrukturen für seine jeweilige Ebene zur Laufzeit erzeugt, gleichgesetzt werden. Es muß vielmehr, analog zu einem System zur Arbeitsplanerstellung oder zu NC- und RC-Programmiersystemen, der Arbeitsplanung zugeordnet werden, da diese die Aufgabe hat, auftragsspezifische Produktinformationen aus der Konstruktion in Informationen für die Fertigung umzusetzen (Abbildung 2.6) [39]. Die Programmierung von Zellenabläufen in der Arbeitsvorbereitung hat zudem den Vorteil, daß hier zusammen mit der NC- und RC- Programmierung alle nötigen Endbenutzerprogramme, sowohl für Montage- wie auch für Bearbeitungszellen, erstellt werden können. Für die Zellenablaufprogrammierung sind die NC- und RC- Programme notwendig, da ihr Zusammenspiel in der Zellenablaufprogrammierung festgelegt wird. Da teilweise auch diese Komponentenprogramme noch nicht vorliegen, kann die Erstellung der Zellenablaufvorschrift nur in einem iterativen Prozeß stattfinden. Aufgrund dieses engen Zusammenhangs zwischen Zellenablauf und den anderen Endbenutzerprogrammen ist es wünschenswert, daß alle Endbenutzerprogramme nicht nur in der Arbeitsplanung, sondern am gleichen Arbeitsplatz erzeugt werden können (Abbildung 2.7).

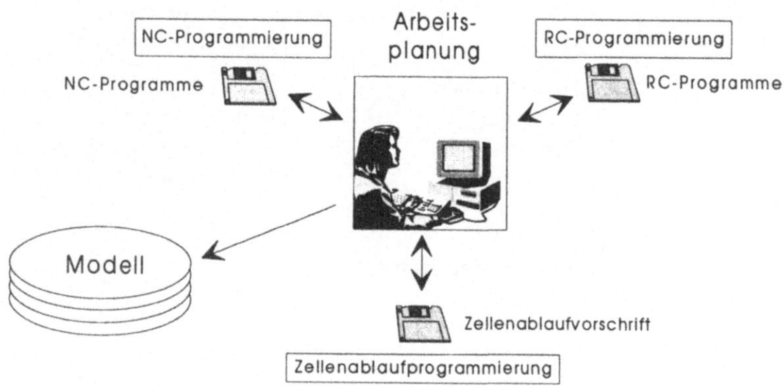

Abbildung 2.7: Programmierung von Ablaufvorschriften auf Zellenebene in der Arbeitsvorbereitung

Die Zellenabläufe werden in drei unterschiedlichen Phasen erstellt:

- vor der Einrichtung der Anlage,

- bei Einführung eines neuen Produktes,

- zur Verbesserung bestehender Abläufe.

Der Zeitraum von der Produktidee bis zur Markteinführung wird von der Zeit, die für die Produktentwicklung benötigt wird sowie der für die Produktionsumstellung bzw. einrichtung nötigen Zeit bestimmt. Diese Zeitspanne kann in verschiedene Phasen untergliedert werden (Abbildung 2.8 nach [40]). Ihre Verkürzung wird demnach durch die Verkürzung einzelner Phasen und die Parallelisierung unterschiedlicher Phasen erreicht [7].

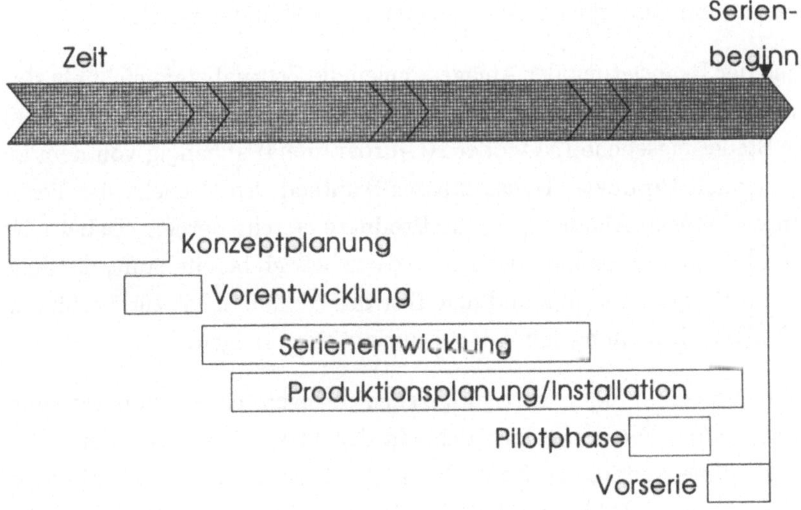

Abbildung 2.8: Entwicklungs– und Planungsablauf [40]

Produktspezifische Software muß vor dem Anlaufen der Produktion erstellt werden und verlängert damit die Installationsphase. Die Überprüfung und letztendliche Anpassung der Ablaufvorschriften, also das Einfahren, erfolgt dabei erst an der realen Anlage, da dies oft die einzige Gelegenheit darstellt, bei der das Zusammenspiel der einzelnen Module der Steuerungen und ihrer Ablaufvorschriften mit der Produktionsanlage getestet werden kann. Häufig kommt es zu erheblichen Verzögerungen. Teilweise sind sie auf schwer vorhersehbare Unvereinbarkeiten zwischen dem geplanten Produktionsablauf und der realisierten Produktionsanlage zurückzuführen, die eine Umgestaltung der Produktionsanlage oder grundlegende Änderungen der Ablaufvorschriften nötig machen und zusätzlich Kosten verursachen (Abbildung 1.3).

Nach der Realisierung der Anlage können die Zellenabläufe nicht als statisch angesehen werden. Vielmehr sind sie ebenso wie Programme auf der Steuerungsebene (NC- oder RC-Programme) abhängig von dem zu fertigenden Produkt. Daher müssen während des Betriebs der Fertigungszelle neue Abläufe für neue Produkte erstellt werden. Dabei tritt das Problem auf, daß, da der Produktionsbetrieb bereits läuft, die Zelle für die Programmierung und den Test der Abläufe nicht zur Verfügung steht. Ihre Erstellung sollte daher auch offline erfolgen.

Neue Produkte oder Fertigungszellen bringen einen "innovativen", sprunghaften Fortschritt mit sich. In der Theorie soll der so erreichte Status ohne weiteren Aufwand bis zum nächsten Innovationsschub gehalten werden (Abbildung 2.9). Die Praxis zeigt jedoch, daß bereits für den Erhalt dieses Status Aufwand geleistet werden muß. So offensichtlich dies für die zu wartende Mechanik und Elektrik ist, so notwendig ist es auch, die eingesetzte Software zu warten [41].

Neben diesem "innovativen" Fortschritt spielen "evolutionäre", kontinuierliche Verbesserungen an bestehenden Anlagen und Abläufen eine anerkannt wichtige Rolle (Abbildung 2.10) [42]. Sollen Ideen und Verbesserungsvorschläge in Zellenabläufe übernommen werden, so sind wie-

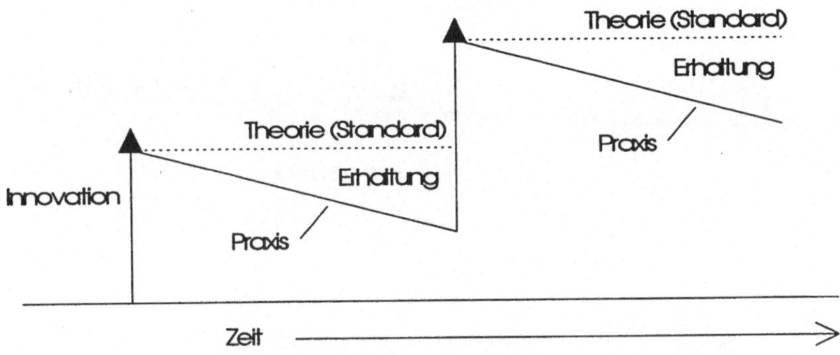

Abbildung 2.9: Innovativer Fortschritt [42]

derum Tests notwendig. Dies hat im allgemeinen zur Folge, daß zu diesem Zweck die Produktion unterbrochen werden muß oder daß derartige Veränderungen nur in der produktionsfreien Zeit, also in der Nacht, an Wochenenden oder während der Betriebsferien durchgeführt werden können. Ein zusätzlicher Druck auf die jeweils für die Veränderung Verantwortlichen entsteht dadurch, daß nur unzureichend Zeit für Tests zur Verfügung steht und daher möglicherweise neue Fehler in die Zellen eingebracht werden. Viele Veränderungen werden unter diesen Randbedingungen daher nicht durchgeführt. Ein Werkzeug, mit dem die Möglichkeit geschaffen wird, diese Veränderungen unabhängig von der realen Produktionszelle ausgiebig und nicht unter Zeitdruck zu erproben, kann hier sinnvoll eingesetzt werden.

Ziel der Bemühungen muß es sein, ein Werkzeug zu konzipieren, das die Programmierung von Ablaufvorschriften auf Zellenebene offline, ohne reales Produktionssystem ermöglicht. Diese fehlerarmen Ablaufvorschriften werden lediglich noch eingespielt.

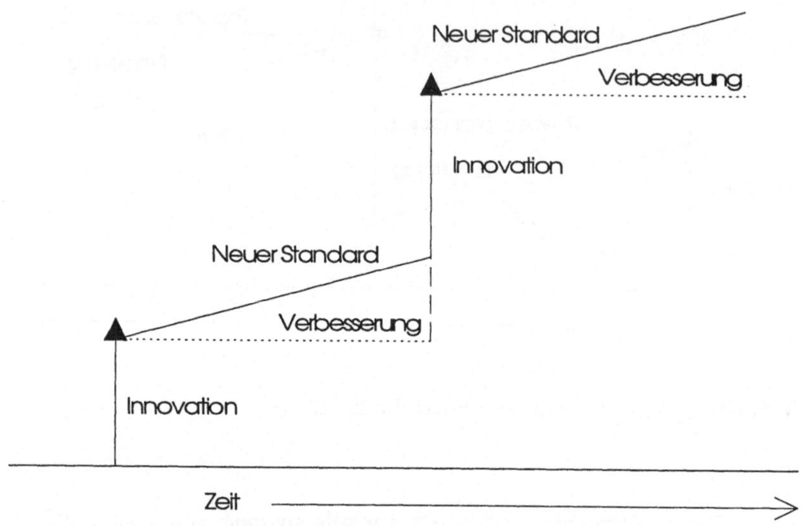

Abbildung 2.10: Evolutionärer Fortschritt [42]

2.6 Systeme zur Programmierung von Zellenabläufen

Bei Programmiersystemen für Zellensteuerungen können prozeß- und
aufgabenorientierte Methoden unterschieden werden (Abbildung 2.11).
Bei Systemen der ersten Gruppe besteht die Arbeit des Programmierers
darin, den zu steuernden Ablauf (Prozeß) zu formulieren. Dabei werden
sowohl prozedurale wie auch objektorientierte Methoden eingesetzt. Bei
Systemen der zweiten Gruppe beschreibt der Anwender nicht mehr den
Ablauf, sondern die zu lösende Aufgabe. Das System generiert daraus
selbständig den notwendigen Ablauf.

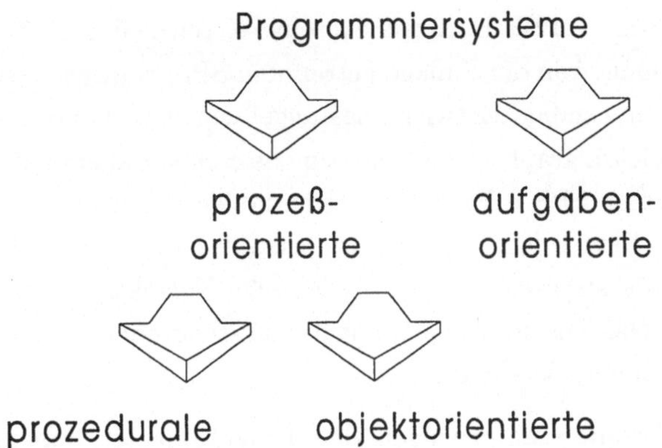

Abbildung 2.11: Programmiersysteme für Zellensteuerung

Programmiersysteme für speicherprogrammierbare Steuerungen sind bereits kommerziell verfügbar. Meist stammen sie von den SPS – Herstellern und sind auf eine Produktfamilie ausgerichtet. Werden unterschiedliche Zellensteuerungen in einer Anlage verwendet, müssen verschiedene Programmiersysteme benutzt werden. Teilweise sind sie auf der gleichen Hardware wie das Zielsystem implementiert. Spezielle Hardware erleichtert die Übertragung der erstellten Programme auf das Zielsystem, die Zellensteuerung macht aber eine Integration in einen ganzheitlichen Anlagenplanungsansatz sehr aufwendig, wenn nicht gar unmöglich.

In ihrer Funktionalität beim Erstellen von Programmen reichen sie von offline eingesetzten SPS'en bis zu graphisch – interaktiven Entwicklungssystemen (Abbildung 2.12). Einfache Systeme bieten lediglich die Bedieneroberfläche einer von der Anlage getrennten SPS, während bei anderen Systemen aufwendige Entwicklungsumgebungen vorhanden sind. Die dabei verwendeten graphischen Editoren basieren vor allem auf klassischen, prozeduralen SPS – Programmiermethoden wie dem Kontaktplan oder Petri – Netzen [43, 44]. Die in diesen Systemen beinhalteten Testmöglichkeiten erstrecken sich auf die logische Korrektheit des Programms [45, 46]. Das Zusammenspiel mit der zu steuernden Zelle bleibt hier größtenteils unberücksichtigt.

Weitergehende Arbeiten unterstützen den Programmierer, indem sie eine modellbasierte Programmierung der Ablaufvorschrift ermöglichen [47]. Die Zelle wird mittels Objekten, die in Bibliotheken abgelegt sind, modelliert (Abbildung 2.13). Diese Objekte repräsentieren die Komponenten der realen Zelle, wie Fördereinrichtungen, Sensoren und Steuerungen, aber auch Werkstücke. Ihnen sind spezifische Eigenschaften und Funktionen zugeordnet wie beispielsweise bei einer Fördereinrichtung die Fähigkeit, Werkstücke zu transportieren [48].

Einige dieser Arbeiten haben die Unterstützung der Planer bei der Erstellung von Abläufen mit einem objektorientierten Ansatz zum Ziel [49] (Abbildung 2.11). Der Bediener erzeugt die Ablaufvorschrift, indem er diese Eigenschaften und Funktionen sinnvoll miteinander verknüpft. Im Anschluß daran hat er die Möglichkeit einer Konsistenzprüfung an dem Modell, das heißt, er kann überprüfen, ob die Ablaufvorschrift in dieser Form mit den vorhandenen Komponenten überhaupt ausgeführt werden kann. Darüberhinaus kann an einer nach dem Prinzip der Discret – Event – Simulation funktionierenden Simulation die Struktur der Zelle nachgebildet und die Wechselbeziehung zwischen Ablauf und Zelle gete-

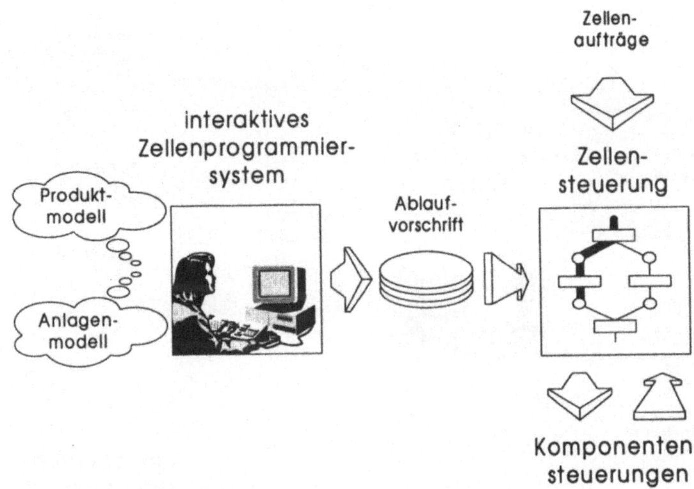

Abbildung 2.12: Programmierung von Ablaufvorschriften mit konventionellen Programmierwerkzeugen

stet werden. Hierbei werden Vorgänge innerhalb der Zelle als Änderung des Zustands der Zellen abgebildet. Betrachtet wird das Zusammenspiel dieser Zustandsübergänge. Das Zusammenspiel zweier gleichzeitig stattfindenden Vorgänge wird dabei nur unzulänglich abgebildet.

Eine weitergehende Rechnerunterstützung stellt die automatisierte Generierung des Programms aus dem Modell der Zelle und einer Aufgabenbeschreibung dar (Abbildung 2.14) [27]. Die zu dieser Klasse gehörenden Systeme sind für die Lösungen eines dedizierten Problems, wie zum Beispiel das Palettieren mittels Roboter [50], ausgelegt. Der Bediener

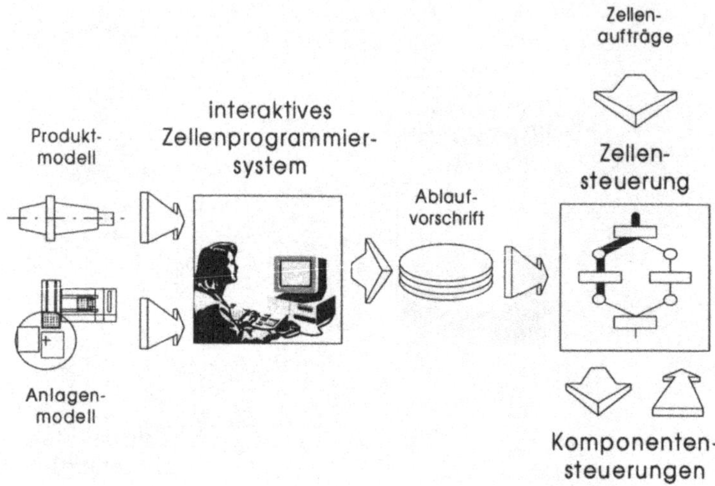

Abbildung 2.13: Programmierung von Ablaufvorschriften mit modell-basierten Programmierwerkzeugen

formuliert dabei die von der Zelle auszuführende Aufgabe. Ein automatischer Programmgenerator erzeugt daraus eine Ablaufvorschrift. Der Aufwand für die manuelle Erstellung der Aufgabenbeschreibung ist dabei vergleichbar mit dem Aufwand für die konventionelle Programmierung von Zellenabläufen. Für ein universelles System zur Erstellung beliebiger Zellenablaufvorschriften ist eine aufgabenorientierte Programmerstellung daher derzeit nicht sinnvoll.

Neben diesen von Seiten der SPS – Programmierung kommenden Entwicklungen erfahren immer mehr Roboter – Simulationspakete Erweite-

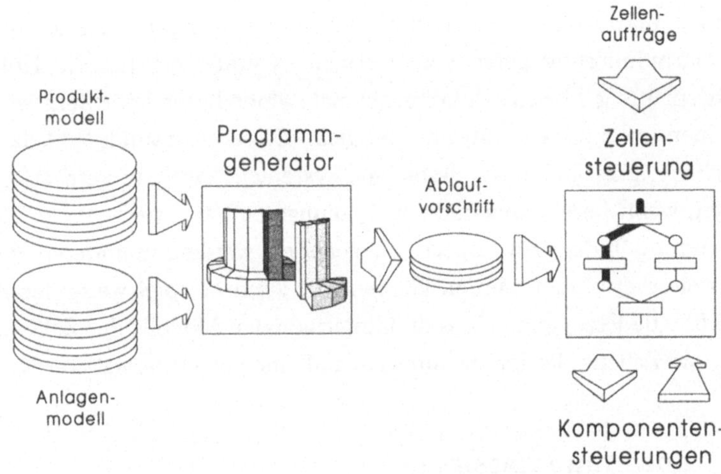

Abbildung 2.14: Automatische Generierung von Ablaufvorschriften

rungen in Richtung auf die Zellensimulation [51, 52, 53]. Die zur Offline –
Programmierung von Robotern entwickelten Systeme sind aufgrund der
immer komplexer werdenden Peripherie der Zellen, mit der die Roboter
zusammenwirken müssen, dazu gezwungen, die Peripherie auch nachzu-
bilden. So werden hier teilweise auch Nachbildungen von Zellensteuerungen implementiert. Der Bediener wird bei der Ablaufprogrammierung
auf Zellenebene, im Gegensatz zur Roboterprogrammierung jedoch kaum
unterstützt. Ein Test der Ablaufvorschriften kann erfolgen. Klassischer-
weise wird ein dreidimensionales Modell der Zelle verwendet, so daß auch
Kollisionsüberprüfungen durchgeführt werden können.

In einem hybriden Ansatz wird versucht [54] durch die Integration von Roboter- und Ablaufsimulationssystemen, der Aufgabe der Zellenablaufprogrammierung gerecht zu werden. Gerade die für die Kollisionsüberprüfung wichtige dreidimensionale Modellierung der Zelle ist nur mit einem sehr hohen Aufwand möglich. Dieser Aufwand, und das ist die Schwierigkeit bei vielen derartigen Systemen, kann nur gerechtfertigt werden, wenn bereits aus anderen Planungsschritten vorliegende Daten Verwendung finden bzw. Daten, die generiert werden, in anderen Systemen weiterverwendet werden können. So kann beispielsweise der Aufwand für die Erzeugung eines dreidimensionalen Modells der Zelle nicht durch die Zellenablaufprogrammierung alleine gerechtfertigt werden.

2.7   Zusammenfassung

Eine informationsflußtechnische Entkopplung von weitgehend autonomen flexiblen Fertigungszellen und damit eine Verfügbarkeitserhöhung der Gesamtanlage wird mit der Einführung von Zellensteuerungen erreicht [18]. Die Flexibilität dieser Zellensteuerungen hängt dabei in entscheidendem Maße von der Flexibilität ihrer Ablaufsteuerungen ab.

Programmierbare Zellensteuerungen erreichen durch die Trennung von System- und Anwendungsprogramm dieses Ziel. Für den Anwender der Zellensteuerungen ergibt sich dabei das Problem, daß neben Roboter– bzw. Werkzeugmaschinenprogrammen nunmehr auch Zellenabläufe erzeugt werden müssen. Damit keine zusätzlichen Zeitverluste bei der Inbetriebnahme bzw. der Umstellung der Anlage auf ein neues Produkt auftreten, sollen diese Zellenabläufe offline erstellt werden.

Eine Erweiterung der Aufgaben der Arbeitsplanung ist die Folge. Die Erstellung der Ablaufvorschriften stellt für die Arbeitsplanung ein komplexes Problem dar. Es müssen einerseits logische Abfolgen festgelegt werden, andererseits muß die Kollisionsfreiheit sichergestellt werden. Zur Unterstützung des Programmierers von Ablaufvorschriften auf Zellenebene werden derzeit vor allem zwei Ansätze verfolgt. Einerseits werden SPS-Programmiersysteme in ihrer Funktionalität immer mehr erweitert, so daß sie prinzipiell für diese Aufgabenstellung herangezogen werden können, sobald SPS'en als Zellensteuerungen eingesetzt werden. Andererseits werden Robotersimulationssysteme immer mehr in diese Richtung weiterentwickelt.

Beide Lösungsansätze stellen jeweils eine der beiden Problemstellungen in den Vordergrund. Die weiterentwickelten SPS-Programmiersysteme legen ihren Schwerpunkt auf die logische Korrektheit, während die Robotersimulationssysteme vor allem die Kollisionsfreiheit berücksichtigen. Problematisch ist dabei, daß die jeweils andere Problemstellung nicht genügend gewürdigt wird.

Ein hybrider Ansatz [54] zeigt einen Ausweg. Hier, wie auch bei den anderen Systemen, werden jedoch nicht die engen gegenseitigen Abhängigkeiten zwischen den Roboter– bzw. Werkzeugmaschinenprogrammen und den Zellenabläufen, die zu der anzustrebenden Integration der Aufgabenstellungen an einem Arbeitsplatz führen soll, berücksichtigt.

Zusammenfassend läßt sich sagen, daß Lösungen für auftretende Teilprobleme vorhanden sind. Jedoch ist eine ganzheitliche Behandlung der Aufgabe noch nicht erfolgt.

3 Anforderungen an ein Programmiersystem für Zellenabläufe

3.1 Überblick

Im Rahmen dieser Arbeit soll nunmehr eine ganzheitliche Betrachtung der Zellenablaufprogrammierung durchgeführt werden. Damit eine möglichst vollständige Behandlung der auftretenden Problemstellungen erfolgt, wird als Basis in diesem Abschnitt ein Anforderungsprofil erstellt, das schließlich in einem Konzept und der prototypischen Realisierung umgesetzt werden soll.

Die Grundlage bildet die Einordnung in ein strukturiertes Modell eines Produktionssystems. Darauf aufbauend werden die Schnittstellen eines Systems zur Zellenablaufprogrammierung untersucht. Im Anschluß wird eine systematische Vorgehensweise für die Programmierung von Zellenablaufvorschriften entwickelt. Ausgehend von dieser Vorgehensweise werden dann für die wichtigsten Schritte Hilfsmittel zusammengestellt.

3.2   Systemtechnischer Ansatz für die Programmierung von Zellenabläufen

Das Systems–Engineering [55] bietet Methoden an, nach denen ein Produktionssystem strukturiert werden kann. Für den Begriff des Systems läßt sich eine Vielzahl unterschiedlicher Definitionen finden. Nach [56] ist ein System,

> "eine Menge von Komponenten, welche Eigenschaften besitzen und welche durch Beziehungen miteinander zur Verfolgung gesetzter Ziele verknüpft sind."

Auf dem obersten Abstraktionsgrad läßt sich eine Produktionsanlage als offenes System folgendermaßen darstellen: Eingangsgrößen der Produktionsanlage sind Material, Energie und Informationen. In dem System findet ein Transformationsprozeß statt. Ergebnis dieser Transformation sind, neben verbrauchter Energie und verbrauchtem Material, neue Informationen und Produkte.

Durch die in 2.2 beschriebene, hierarchische Gliederung kann es in Subsysteme unterteilt werden. Bei dieser Betrachtung spielt es keine Rolle, ob ein System aus weiteren Systemen aufgebaut ist oder ob es sich nicht mehr weiter gliedern läßt, da untergeordnete Systeme als Black-Box mit definierten Eigenschaften angesehen werden können. Ihre innere Struktur wird in diesem Fall nicht mehr betrachtet.

Bei dem so entstandenen System kann nach Aufbau– und Ablaufstruktur unterschieden werden [56] (Abbildung 3.1). In der Aufbaustruktur wird der Systeminhalt statisch nach sachlichen Zusammenhängen, wie zum Beispiel der örtlichen Anordnung, dargestellt. Die Ablaufstruktur beinhaltet dagegen die zeitlich–logischen Zusammenhänge eines Systems.

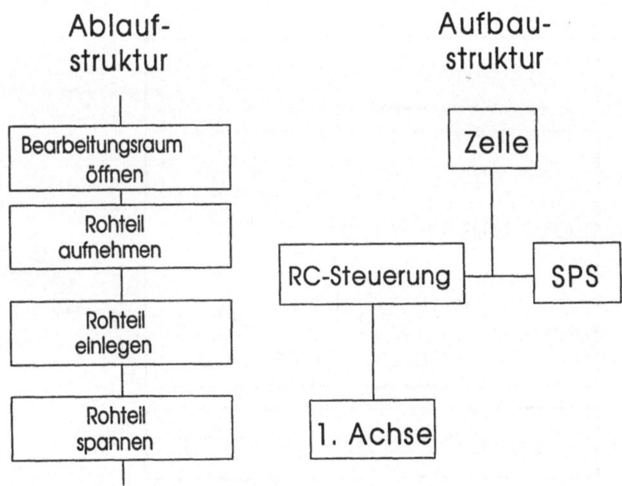

Abbildung 3.1: Aufbau- und Ablaufstruktur einer Fertigungszelle

Hier wird zum Beispiel die zeitliche Abfolge der von den Systemkompo-
nenten ausgeführten Transformationen beschrieben. Die Programmierung von Ablaufvorschriften auf Zellenebene hat demnach die Erstellung
der Ablaufstruktur einer Fertigungszelle zum Ziel.

3.3 Integration in ein ganzheitliches Planungskonzept

Da die Ablaufstruktur der Fertigungszelle nicht isoliert, sondern nur im
Zusammenspiel mit der Aufbaustruktur der Zelle wie beispielsweise dem
Layout wirkt, muß das für die Zellenablaufprogrammierung eingesetzte

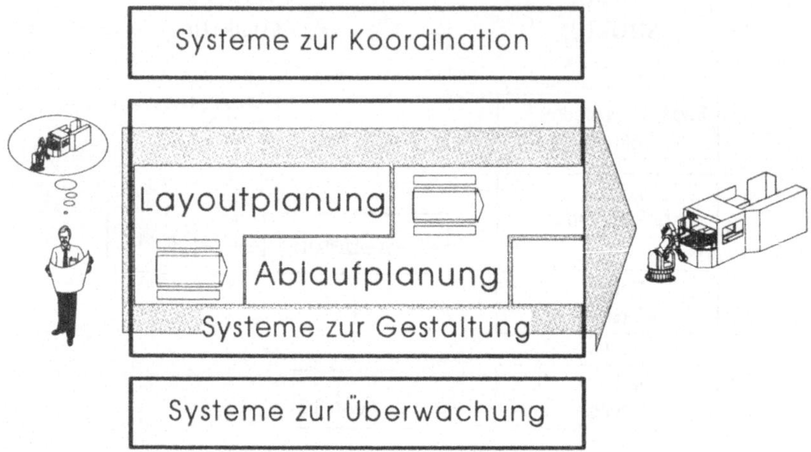

Abbildung 3.2: Integration in ein ganzheitliches Planungskonzept

Modell beide Teile, also sowohl Ablauf- als auch Aufbaustruktur umfassen. Entscheidend für die wirtschaftliche Einsetzbarkeit eines Werkzeugs ist der notwendige Aufwand. Einen signifikanten Teil stellt die Erzeugung des Modells dar. Dieser nicht unerhebliche Aufwand kann nicht durch die Zellenablaufprogrammierung alleine gerechtfertigt werden.

Sinnvoll ist die Erstellung jedoch, wenn bereits aus anderen Planungsschritten vorliegende Daten Verwendung finden bzw. Daten, die generiert werden, in anderen Systemen weiterverwendet werden können. So kann beispielsweise der Aufwand für die Erzeugung eines Geometriemodells der Zelle nicht durch die Zellenablaufprogrammierung alleine gerechtfertigt werden. Erst wenn diese Daten, die bei der Planung des Layouts der Zelle ohnehin anfallen, aus diesem Layoutplanungssystem übernommen werden können und ebenso für die RC- und NC-Programmierung eingesetzt werden, können derartige Systeme wirtschaftlich arbeiten (Abbildung 3.2).

Produktionsanlage sowie alle Produktdaten sollen in einem allen Planungssystemen gemeinsamen Modell abgelegt werden. Neben der Reduzierung des Einsatzaufwands wird durch ein gemeinsames Modell noch die Konsistenthaltung der abgespeicherten Daten erleichtert. Die Kopplung der Systeme soll daher nicht direkt, sondern über ein gemeinsames Modell erfolgen. Aus ihm gewinnt das System die Werkstückgeometrie, den zugehörigen Arbeitsplan, der den noch nicht instanzierten Zellenauftrag beinhaltet sowie die in der Zelle auszuführenden RC- und NC-Programme. Daneben gewinnt das Programmiersystem daraus auch sein Zellenmodell. Von Interesse sind hier vor allem das Zellenlayout, Modelle der Zellenkomponenten und ein Modell der Zellensteuerung. Nach der Erstellung der Zellenablaufvorschrift wird diese zusammen mit den ermittelten Zeiten in das Modell abgelegt.

3.4 Vorgehensweise bei der Programmierung von Zellenabläufen

Bei der Planung von Abläufen auf Zellenebene steht nicht nur die Erzeugung eines funktionsfähigen Ablaufs im Mittelpunkt, vielmehr spielt die Optimierung grundsätzlich lauffähiger Ablaufvorschriften im Zusammenspiel mit Ablaufvorschriften auf Steuerungsebene (RC- , NC-Programmen), wie in Abschnitt 2.5 ausgeführt, eine ebenso wichtige Rolle. Gleichmäßig gute, reproduzierbare Ergebnisse lassen sich dabei nur durch eine systematische Vorgehensweise erzielen. In vielen Bereichen wird zu diesem Zweck das Systems–Engineering herangezogen.

Als generelle Vorgehensweise wird im Systems–Engineering der "Problemlösungszyklus" angeboten (Abbildung 3.4) [56, 55]. Der Planungsvorgang wird in sechs Phasen aufgeteilt. In jeder dieser Phasen wird ein bestimmter Aspekt der Planungsaufgabe behandelt.

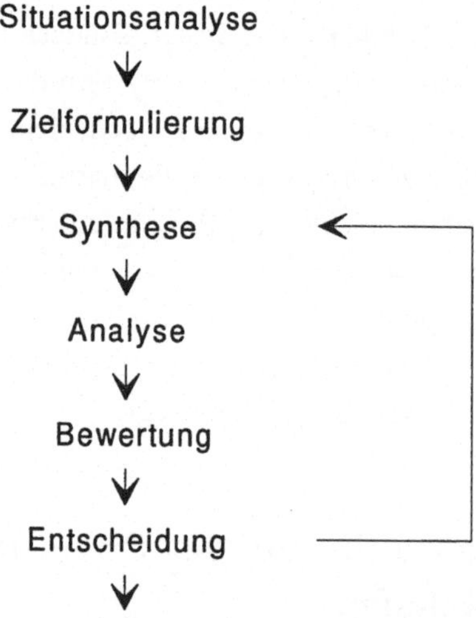

Abbildung 3.3: Systemtechnischer Problemlösungszyklus (nach [55])

- **Während** der *Situationsanalyse* werden die Grunddaten für die späteren Planungsschritte erfaßt. Bezogen auf die Ablaufplanung sind dies zum Beispiel das Layout, die Programme der Komponenten der Zelle, wie RC–Programme und der Arbeitsplan. Die Generierung dieser Daten ist Ziel anderer Planungsaufgaben.

- In der *Zielformulierung* beschreibt der Ablaufplaner, ausgehend von einem vorgegebenen Ausgangszustand, einen zu erreichenden Endzustand, wie beispielsweise die Bereitschaft zum Abtransport des entsprechend dem Arbeitsplan bearbeiteten Werkstücks aus der Zelle sowie die Einhaltung der vorgegebenen Verweilzeiten für Bearbeitung und zelleninternen Transport. Ihre Formulierung erfolgt nach der Freigabe eines Planungsauftrags aus seinen Grunddaten.

- In der *Synthesephase* wird eine Ablaufvorschrift erzeugt, die von einem definierten Ausgangszustand zum gewünschten Endzustand der Zelle führt.

- Die *Analyse* der erstellten Ablaufvorschrift umfaßt ihre Prüfung auf Fehlerfreiheit. Besonders zu beachten ist dabei der Test, ob Kollisionen auftreten.

- Durch die *Bewertung* wird entschieden, inwieweit die Ablaufvorschrift den in der Zielsetzung geforderten Randbedingungen, wie z.B. Zeitvorgaben, entspricht. Einzelne Kriterien, wie vorgegebene Durchlaufzeiten oder Nutzungszeiten von Betriebsmitteln, können mit unterschiedlichen Gewichtungen betrachtet werden.

- Eine *Entscheidung*, ob die Ablaufvorschrift den Anforderungen zur Genüge entspricht, ist der abschließende Schritt des Planungsvorgangs. Sollte dies nicht der Fall sein, wird in einem neuerlichen Planungszyklus, ausgehend von der Synthese, eine neue Ablaufvorschrift erzeugt.

Eine Optimierung des gewonnenen Zellenablaufs erfolgt durch die in Abbildung 3.4 angedeutete Schleife. Für die Synthesephase sind demnach einerseits Funktionen bereitzustellen, die bei der Erstellung eines neuen Ablaufs den Bediener unterstützen, aber andererseits ebenso Werkzeuge für die Optimierung bestehender Ablaufvorschriften. Eine optimale Unterstützung des Planers kann durch die Bereitstellung spezieller Hilfsmittel für jeden dieser Aspekte erreicht werden.

3.5   Unterstützungsfunktionen während der einzelnen Programmierungsphasen

Für die unterschiedlichen Phasen gibt es unterschiedliche Grade an Unterstützungsmöglichkeiten durch Hilfsmittel. In einem ersten Ansatz soll die Analyse- und die Synthesephase herausgegriffen werden.

3.5.1   Unterstützung bei der Ablaufsynthese

Beim Erstellen von Zellenablaufvorschriften können drei Gesichtspunkte unterschieden werden (Abbildung 3.4):

- Wie muß eine Aktion formuliert sein (syntaktischer Gesichtspunkt)?

- Welchen Inhalt hat eine Aktion (semantischer Gesichtspunkt)?

- Wie müssen Aktionen zur Erreichung eines Ziels verknüpft werden (pragmatischer Gesichtspunkt)?

Dem Benutzer sollen durch das zu entwerfende System geeignete Hilfmittel für jeden dieser Gesichtspunkte zur Verfügung gestellt werden.

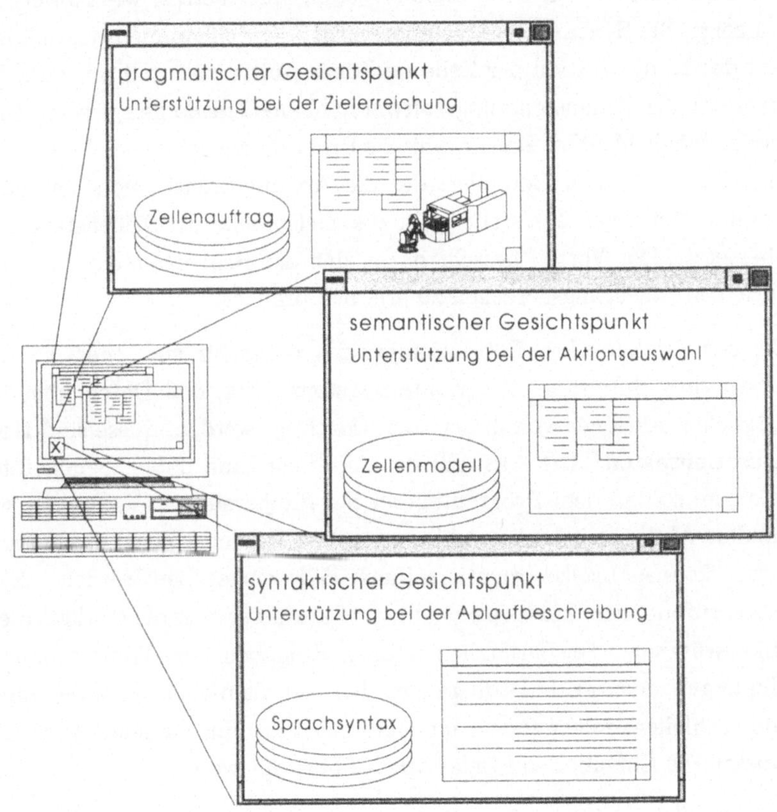

Abbildung 3.4: Aufgabenstellungen und Hilfsmittel bei der Generierung von Aktionsfolgen

Unter *syntaktischen* Gesichtspunkten kann die Einhaltung der korrekten Syntax der Ablaufvorschrift durch einen sprachsensitiven Editor unterstützt werden. Im Programmiersystem muß hierfür, wie Abbildung 3.4 zeigt, die Syntax der Ablaufvorschrift, die vollkommen unabhängig von der Konfiguration der Zelle und dem Auftrag ist und nur vom Interpreter der Zellensteuerungssoftware abhängt, niedergelegt sein. Eine zweite Möglichkeit ist eine graphische Programmierschnittstelle in Kombination mit einem Compiler, der die Ablaufvorschrift von der hardwareunabhängigen Darstellung in die Zielsprache der Zellensteuerung übersetzt. Der Vorteil besteht darin, daß der Bediener nicht mehr die einzelnen Steuerungssprachen zu erlernen braucht.

Bei der *semantischen* Betrachtungsweise ist es für eine effektive Unterstützung durch das Programmiersystem nötig, daß Daten über die möglichen Aktionen von diesem berücksichtigt werden. Diese sind Konfigurationsdaten. Die Auswahl der Aktionen kann dabei menügeführt erfolgen, so daß dem Programmierer nur die jeweils zur Verfügung stehenden Aktionen zur Auswahl vorgegeben werden. Zusätzliche Parameter können maskenorientiert (nach [57]) eingegeben werden. Eine Überprüfung der Zulässigkeit dieser Parameter vervollständigt diese Unterstützung. Die zusätzlich nötigen Eingaben, wie Weiterschaltbedingungen oder auch Bedingungen bei alternierenden Verzweigungen oder Schleifen, sollen zudem menügesteuert ausführbar sein. Auch hier müssen die Eingaben auf Zulässigkeit überprüft werden.

Bei der zielgerichteten Erstellung der Programmstruktur, bei der der *pragmatische* Gesichtspunkt zum Tragen kommt, ist es nötig, zu den bisher benötigten Daten auch Daten über die von der Zelle auszuführende Aufgabe im System abzulegen. Dieser Ebene sind die aufgabenorientierten Programmiersysteme zuzuordnen. Es lassen sich dabei zwei Problemstellungen ableiten: Welche Aktionen sind zu einem bestimmten

Zeitpunkt zielführend und wie müssen diese Aktionen kombiniert werden?

Durch die graphische Visualisierung der Simulation von Komponentenaktionen wird dem Bediener eine Unterstützung bei der Auswahl der geeigneten Aktionen gegeben. Sie soll bei der Programmierung der Ablaufvorschrift zu jedem Zeitpunkt den aktuellen Zellenzustand anzeigen. Ausgehend von dieser Darstellung wird sie dem Bediener ermöglichen, jede beliebige Aktion zu simulieren, ihre Auswirkungen in der Grafik zu überprüfen und über ihre Tauglichkeit zu entscheiden. Falls eine falsche Aktion ausgewählt wurde, kann sie auf einfache Art wieder rückgängig gemacht werden.

Ein erster Schritt in Richtung der Unterstützung bei der Strukturerstellung ist die Hilfestellung durch einen graphischen Editor. Durch die Darstellung der Vorschrift in graphischer Form, z.B. als Flußdiagramm (nach [58] und [59]), werden die zeitlich–logischen Zusammenhänge erkennbar. Dem Bediener werden dabei durch ein Menü die zur strukturierten Programmierung nötigen Strukturelemente (Sequenz, Wiederholung, alternierende Verzweigung und parallele Verzweigung) zur Auswahl gestellt [59]. Die Einführung von parametrierbaren Aktionsmakros beschleunigt darüber hinaus die Erstellung der Ablaufvorschrift. Diese Unterstützungsfunktion soll es dem Bediener ermöglichen, zellenspezifische Makros zu definieren.

Ein weiterer Iterationsschritt (Abschnitt 3.4) hat die Optimierung der Durchlaufzeit, soweit dies nach Abschnitt 2.5 sinnvoll ist, durch die Ausnutzung der technisch möglichen Nebenläufigkeiten zum Ziel. Aber auch die Optimierung hinsichtlich der eingesetzten Betriebsmittel, wie Werkzeuge, soll unterstützt werden [60]. Auch hierfür ist ein geeignetes Instrumentarium bereitzustellen. Abbildung 3.5 gibt ein einfaches Beispiel

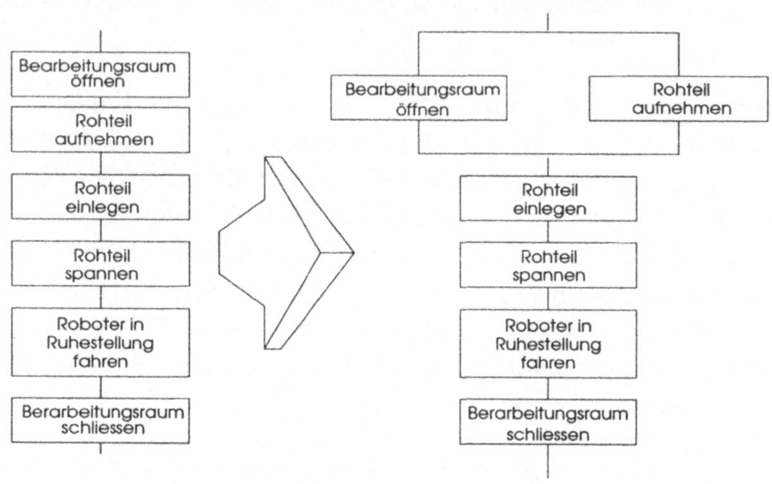

Abbildung 3.5: Parallelisierung von Aktionsfolgen

für die Verkürzung der Durchlaufzeit durch die Umwandlung einer Aktionsfolge in eine Parallelität. Es ist daran zu denken, einen Algorithmus zu entwerfen, der auf der Basis vom Bediener vorzugebender Randbedingungen versucht, aufeinanderfolgende Aktionen zu parallelisieren und die entstandenen, parallelen Verzweigungen auf Kollision zu untersuchen.

3.5.2   Unterstützung bei der Ablaufanalyse

Grundsätzlich erfolgt die Verifizierung von Ablaufvorschriften unter den gleichen drei Gesichtspunkten wie ihre Erstellung. Dabei kann die Verifizierung unter syntaktischen Gesichtspunkten durch einen Interpreter erfolgen. Bei Berücksichtigung von semantischen Gesichtspunkten ist es zudem nötig, daß die in der Ablaufvorschrift aufgerufenen Aktionen auf ihre Durchführbarkeit geprüft werden. Die Analyse der Ablaufvorschrift in pragmatischer Hinsicht erfordert den Nachweis, daß die Ablaufvorschrift keine logischen Fehler enthält und daß der Zellenauftrag auch durch die Ablaufvorschrift erfüllt wird. Dabei wird eine Überprüfung der Programmlogik unter anderem auf Dead-locks und Endlosschleifen durchgeführt. Daneben wird hier die Ausführbarkeit der Einzelaktionen im Zusammenhang des beschriebenen Ablaufs untersucht.

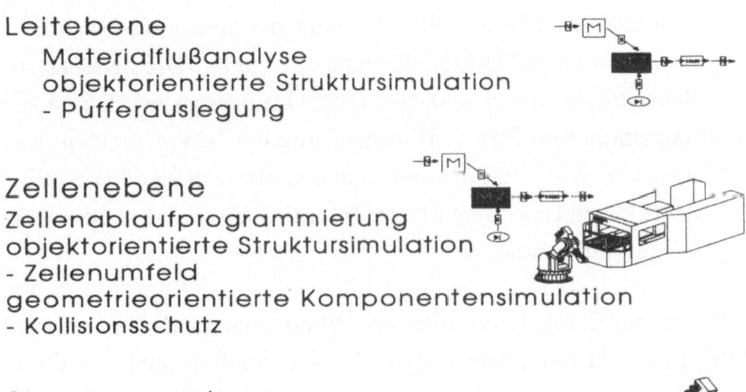

Abbildung 3.6: Simulationsmodelle verschiedener Hierarchieebenen

Auf unterschiedlichen Hierarchieebenen ergeben sich daraus unterschiedliche, konkrete Fragestellungen. Das Modell muß in geeigneter Weise für die jeweilige Hierarchieebene und die zu lösende Fragestellung gewählt werden. Abbildung 3.6 zeigt die Fragestellungen und die daraus resultierenden Modelle für unterschiedliche Hierarchieebenen. Auf der *Leitebene* stehen pragmatische Gesichtspunkte im Vordergrund. Wichtig ist, ob die angestrebten Ziele, wie Durchlaufzeit und Ausbringung, erreicht werden. Behandelt werden materialflußtechnische Problemstellungen, wie Pufferauslegung. Hier hat sich eine Ablaufsimulation, die lediglich die logische Struktur der Anlage nachbildet, als geeignet und ausreichend erwiesen. Im Gegensatz muß auf der *Steuerungsebene* der semantische Gesichtspunkt besonders berücksichtigt werden. Die Ausführbarkeit der einzelnen Aktion unter besonderer Berücksichtigung der Kollisionsüberprüfung stellt hier eine der Kernaufgaben dar. Sie macht eine aufwendige 3D-Modellierung notwendig. Die *Zellenebene* bildet die Schnittstelle zwischen diesen Betrachtungsweisen. Hier ist sowohl eine Ablaufsimulation für die Untersuchung der Auswirkungen des Zellenumfeldes und der Komponentenaktionen als auch eine 3D-Simulation für die Kollisionsüberprüfung bei der Interaktion von zwei oder mehreren Komponenten notwendig.

Für die Art der durch die Verifikation offline erfassbaren Fehler ist jedoch nicht nur die Art des verwendeten Modells, sondern auch der Grad der Abstraktion der Testumgebung ausschlaggebend. Abbildung 3.7 klassifiziert die Analyse einer Ablaufvorschrift auf unterschiedlichen Abstraktionsgraden. Von links nach rechts nimmt hier der Umfang der für die Verifizierung modellhaft nachgebildeten Anteile ab. Den niedrigsten Abstraktionsgrad erreicht man durch den Einsatz der realen Steuersoftware in der Fertigungszelle, was dem Einfahren einer Ablaufvorschrift entspricht. Je höher der Abstraktionsgrad ist, desto mehr Verarbeitungs-

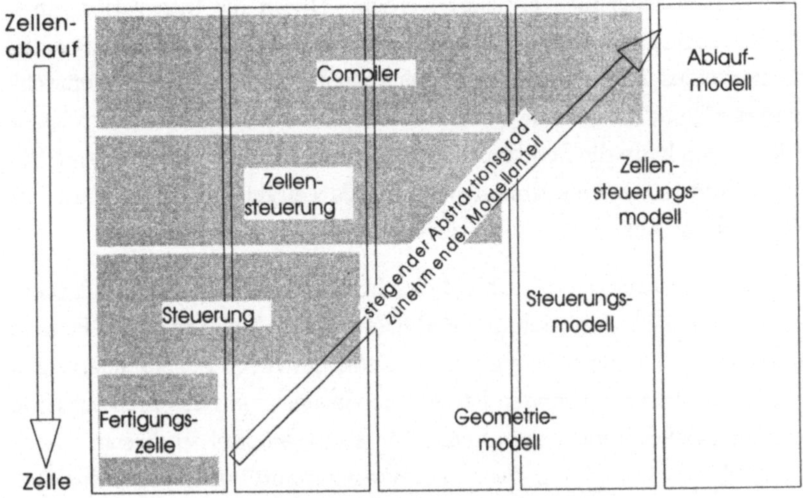

Abbildung 3.7: Abstraktionsgrade bei der Verifizierung von Zellenabläufen

vorgänge werden modelliert. Jedes dieser Modelle kann ungenau oder fehlerhaft sein, so daß weniger Fehler erkannt werden können, wenn größere Teile der Testumgebung modellhaft nachgebildet werden. Bei dem Einsatz von realer Zellensteuerung sowie von realer Steuerungssoftware können beispielsweise Fehler aufgrund eines nicht ausreichenden Detaillierungsgrades des Modells übersehen werden. So ist der Nachweis, ob bestimmte Aktionen zu Überlastungen der Handhabungsgeräte führen, nur durch die Modellierung physikalischer Effekte möglich. Der weitestmögliche Einsatz der realen Software ist daher anzustreben. Aus diesem Grund soll bei dem zu entwerfenden Konzept nicht nur die in den Zellenrechner geladene Ablaufvorschrift auf ihre Fehlerfreiheit hin untersucht werden, sondern es soll auch ihr Zusammenspiel mit der realen Zellensteuerung verifiziert werden. Durch die Integration eines Zellenrechnersoftwarepaketes soll erreicht werden, daß zwischen den Reaktionen eines Zellenrechners in einer realen Zelle und dem Zellenrechner in der Simulation keine Unterschiede auftreten. Bei der erfolgreichen Verifizierung kann die Zellenablaufprogrammierung als abgeschlossen betrachtet werden und die Ablaufvorschrift als weitgehend fehlerfrei an den Zellenrechner weitergeleitet werden.

Sollte bei der Analyse der Ablaufvorschrift jedoch ein Fehler auftreten, so muß eine Debugfunktion den Bediener bei der Auffindung des Fehlers unterstützen. Da diese Debugfunktionalität bei vielen Zellensteuerungen nicht ausreichend vorhanden ist, soll neben der geforderten Integration der realen Zellensteuerungssoftware ein Analysemodul zu diesem Zweck entwickelt werden. Die notwendigen Funktionalitäten lassen sich dabei aus gebräuchlichen Werkzeugen zur Fehlersuche ableiten. Sie sollen

- das schrittweise Abarbeiten,

- das Setzen von Breakpoints,

- das Tracing von Variablen und Funktionen

- und die Animation der Flußdiagrammdarstellung des Ablaufs

umfassen.

3.6   Zusammenfassung

Ausgehend von der beschriebenen Vorgehensweise und den geforderten Unterstützungfunktionen lassen sich unterschiedliche Funktionsblöcke

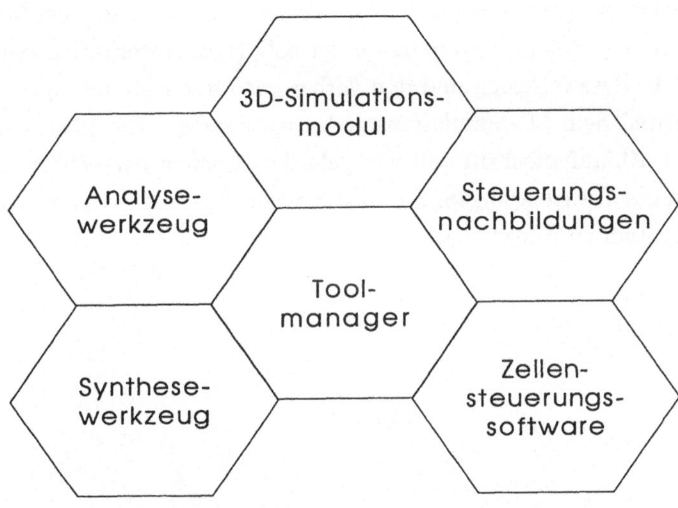

Abbildung 3.8: Funktionen eines Programmiersystems für Zellenabläufe

zusammenfassen (Abbildung 3.8), die im folgenden Konzept berücksichtigt werden. So ist für die Synthese der Zellenablaufvorschrift ein Synthesewerkzeug vorzusehen, das den Programmierer bei der korrekten Erzeugung der Programmstuktur hilft. Da jedoch eine Unterstützung bei der Ablauferzeugung durch die Darstellung der jeweils angewählten Aktion gefordert wurde, muß dieses Synthesewerkzeug um Module für die Darstellung der Zelle und die Simulation der Aktionen, also der RC- und NC-Programmen erweitert werden. Es müssen demnach ein 3D-Simulationsmodul sowie Nachbildungen der jeweiligen Komponentensteuerungen bereitgestellt werden.

Für die Analyse der generierten Zellenablaufvorschrift ist ein geeignetes

Analysewerkzeug zu konzipieren. Da der Test auch anhand eines Modells der Fertigungszelle durchgeführt werden soll, ist die Interaktion zwischen diesem Analysewerkzeug und den vorher genannten Steuerungsnachbildungen und dem 3D-Simulationsmodul vorzusehen. Der abschließende Test der Ablaufvorschrift soll wie gefordert mittels der echten Zellensteuerungssoftware erfolgen. Sie ist demnach ebenfalls in das zu realisierende System zu integrieren.

4 Konzeption eines Planungswerkzeugs

4.1 Überblick

Um die in Kapitel 3 aufgestellten Anforderungen zu erfüllen, werden für die Erstellung eines Konzeptes folgende vier Schritte durchgeführt. Als erstes soll eine Systemstruktur entworfen werden. Um eine einheitliche Schnittstelle der Funktionsmodule untereinander wie auch der Funktionsmodule zu dem allen Planungssystemen gemeinsamen Modell zu erreichen, wird die Kommunikation mit allen Funktionmodulen über eine zentrale Instanz, den Toolmanager, erfolgen. Im zweiten Schritt wird die Konzeption von Unterstützungsfunktionen für die Synthese von Ablaufvorschriften der Schwerpunkt sein. Hierbei sollen die im Anforderungsprofil definierten Funktionen konzipiert werden. Der dritte Schritt umfaßt den Entwurf der geforderten Analysefunktionalitäten. In einem letzten Schritt wird die Nachbildung der einzelnen Hierarchieebenen der Steuerungstechnik, der Zellen–, Steuerungs– und Aktor-/Sensorebene, näher betrachtet. Schwerpunktmäßig soll die Möglichkeit der Anbindung fremder Softwarepakete erarbeitet werden.

4.2   Konzeption einer modularen Systemstruktur

4.2.1   Systemaufbau

Eine Entwicklungsumgebung für eine komplexe Aufgabenstellung wie sie in Kapitel 3 beschrieben wird, muß sich zum einen durch eine leichte Bedienbarkeit und Übersichtlichkeit, zum anderen aber auch durch Flexibilität und Erweiterbarkeit auszeichnen [61]. Ein einziges, großes Programm würde diese Anforderungen kaum erfüllen. Es bietet sich daher an, das Gesamtsystem als "Workbench" aufzubauen, so daß der Benutzer je nach Bedarf verschiedene Werkzeuge (Tools) kombinieren kann. Daraus resultiert ein Multiprozeßsystem, das aus mehreren Programmen besteht, die die geforderten Funktionalitäten erfüllen (Abbildung 4.1).

Grundstein des ganzen Systems bildet ein Tool Manager. Er ist das integrative Element, mit dem die Anwendung konfiguriert und gesteuert wird. Seine Aufgabe ist es zum einen, dem Benutzer das Starten und Handhaben bzw. Verwalten der anderen Tools zu ermöglichen und einen Überblick über die Aktivitäten der laufenden Prozesse zu geben. Zum anderen ist er für die Kommunikation zwischen den Tools verantwortlich. Er leitet die Daten, die von ihnen kommen, an die richtigen Empfänger weiter. Die Werkzeuge des Entwicklungssystems, die vom Tool Manager verwaltet werden, lassen sich in zwei Hauptgruppen einteilen (Abbildung 4.2):

- Basisfunktionsmodule

- externe Funktionsmodule

Die Basisfunktionsmodule bilden die Grundlage des Multiprozeßsystems.

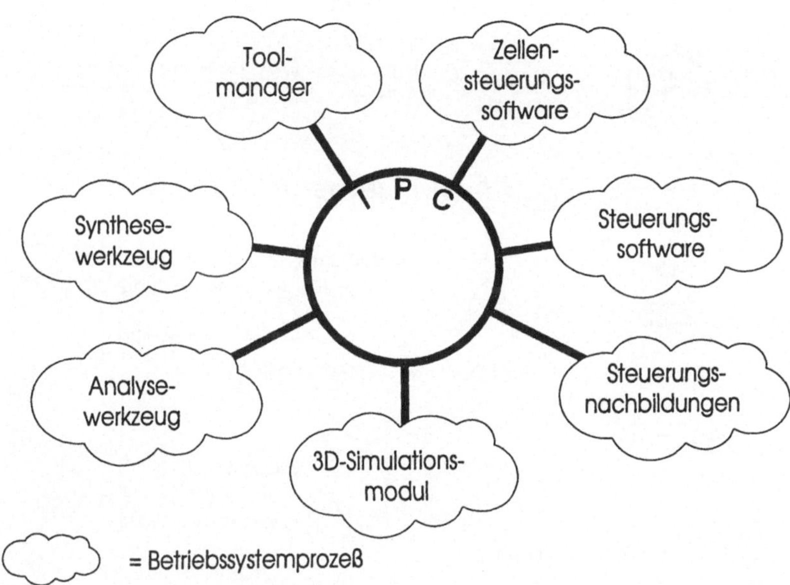

Abbildung 4.1: Struktur des Multiprozeßsystems

Sie werden speziell für die Aufgabenstellung der Zellenablaufprogrammierung entwickelt und sind vollkommen in das System integriert. Eines der Basisfunktionsmodule ist der Editor, der dem Entwurf von Ablaufvorschriften in Flußdiagrammform dient. Für das Austesten der Ablaufvorschriften ist ein Debugger in das System integriert.

Für Funktionen, die nicht ausschließlich der Analyse und Synthese von Ablaufvorschriften dienen, sollen fremde Softwarepakete in das Programmsystem einbindbar sein, damit gleiche Funktionalitäten für un-

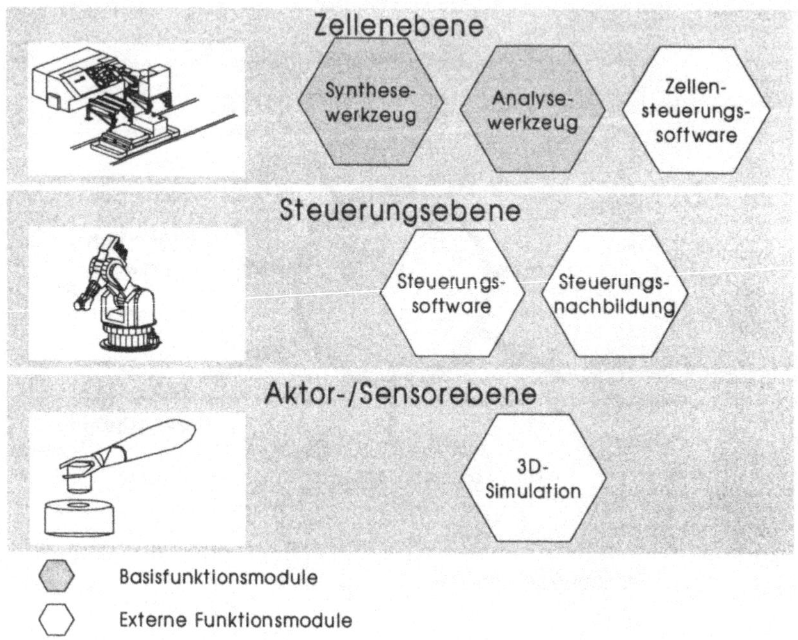

Abbildung 4.2: Externe und Basisfunktionsmodule auf den steuerungstechnischen Ebenen

terschiedliche Anwendungen nicht mehrmals entwickelt werden müssen. Diese Module werden als externe Funktionsmodule bezeichnet. Zu dieser Gruppe gehört die Zellensteuerungssoftware [18, 25], die für den abschließenden Test in das System integriert werden soll. Sie ermöglicht den in Abschnitt 3.5.2 geforderten niedrigen Abstraktionsgrad bei der Verifikation der Zellenablaufvorschrift. Die Anbindung sollte jedoch so flexibel gestaltet sein, daß auch andere Zellensteuerungspakete in das

System integriert werden können.

Zu den externen Funktionsmodulen zählen aber auch die Steuerungsnachbildungen oder besser noch die originale Steuerungssoftware. Diese entsprechen der Steuerungsebene. Ihre Aufgabe ist es, die ihnen vom Editor, Debugger oder der Zellensteuerungssoftware zugewiesenen Aktionen zu interpretieren und in Daten für die graphische Simulation aufzubereiten. Entsprechend realer Steuerungen sollen sie dazu NC- und RC-Programm-Dateien abarbeiten. Im Idealfall sollten hierfür die originalen Steuerungsprogramme, wie sie auch in NC- und RC- Steuerungen eingesetzt sind, verwendet werden. Stehen diese jedoch nicht zur Verfügung müssen hierfür Nachbildungen, wie sie für den Test von Roboter und NC-Maschinenprogrammen eingesetzt sind, integriert werden. Neue Entwicklungen sollen hier möglichst unterbleiben.

Die Aktor-/Sensorebene wird von Simulationsmodulen nachgebildet. Auch hierfür liegen bereits weitentwickelte Softwarepakete vor, so daß keine Eigenentwicklung nötig ist. Die Adaption geeigneter, bereits in anderen Bereichen, wie der offline RC- oder NC-Programmierung, eingesetzter Simulationsmodule soll vorgesehen werden. Ein Beispiel ist das in [3, 5] beschriebene NC-Simulationssystem COSIMA. In einer 3D- Simulation wird bei diesem System ein detailgetreues Abbild der Produktionszelle dargestellt. Sowohl die geforderte Darstellung der Ausführung der Aktionen als auch eine Kollisionsüberwachung ist mittels dieses Systems möglich. Da eine Fixierung auf dieses spezielle Simulationssystem jedoch wieder eine Einschränkung der Flexibilität des Zellenablaufprogrammiersystems bedeutet, soll auch hier die Schnittstelle so flexibel gestaltet werden, daß auch andere Simulationssysteme angekoppelt werden können.

4.2.2   Interprozeßkommunikation

Bedingt durch die Verteilung des Entwicklungssystems auf verschiedene
Prozesse ist eine Kommunikation zwischen diesen nötig (Inter Process
Communication, IPC), die folgenden Kriterien genügt:

- **Asynchrones Empfangen von Nachrichten.** Da alle Programme des Systems nicht auf das Eintreffen einer Nachricht über IPC warten, muß es bei Ankunft einer Nachricht möglich sein, diese zu verarbeiten. Der IPC muß eine Möglichkeit bieten, den momentanen Programmablauf kurzzeitig zu unterbrechen, um ihn nach Entgegennahme der Nachricht wieder fortzusetzen.

- **Kommunikation über Rechnergrenzen hinweg.** Der modulare Aufbau der Entwicklungsumgebung bietet den Vorteil, einzelne Programme des Gesamtsystems auf andere Rechner auszulagern und somit die vorhandenen Rechnerkapazitäten bestmöglich zu nutzen. Der IPC muß diese Netzwerkfähigkeit ermöglichen.

- **Übermittlung komplexer Datenstrukturen.** Bei den zu übertragenden Daten handelt es sich in der Regel nicht um einen einzelnen Wert eines elementaren Datentyps (Integer, Character, ...), sondern um eine Datenstruktur, die sich aus mehreren verschiedenen Datentypen zusammensetzt. Mit der IPC sollen solche Datenstrukturen auf einfache Weise versandt werden können.

4.2.3   Tool Manager

Der Tool Manager wird alle Tools in einer Prozeßliste verwalten. Jeder Eintrag in dieser Liste entspricht einem laufenden Prozeß und hält toolspezifische Informationen fest:

- Art des Tools (Editor, Debugger, Steuerung, Simulation),

- Zustand des Tools (startend, inaktiv / wartend, aktiv / rechnend),

- momentane Arbeitsdatei des Tools (soweit vorhanden),

- Hostrechner, auf dem das Tool läuft,

- Kommunikationsport, über den das Tool angesprochen werden kann

sowie einige weitere Verwaltungsinformationen.

4.3　Synthesefunktionen

4.3.1　Einführung einer systeminternen Ablaufdarstellung

Die Hauptaufgabe bei der Synthese ist die Erstellung der Ablaufvorschriften aus Aktionen, bedingten und unbedingten Aufspaltungen sowie Schleifen. Die interne Darstellung soll nach der Erstellung des Ablaufs in die Zielsprache der Zellensteuerung übersetzt werden. Eine Erstellung der Ablaufvorschrift in der Zielsprache bedingt den Einsatz unterschiedlicher Synthesewerkzeuge für unterschiedliche Zellensteuerungen und soll daher nicht erfolgen. Die Ablaufvorschriften werden zur Archivierung im Produktmodell sowohl in einer internen Darstellung als auch in ihrer Zielsprache abgespeichert und aus diesem später wieder eingelesen. Diese doppelte Datenhaltung bringt zwar die Gefahr von Inkonsistenzen mit sich, ermöglicht aber gleichzeitig ihre nachträgliche Änderung ohne das Rückcompilieren in die Darstellung des Synthesesystems.

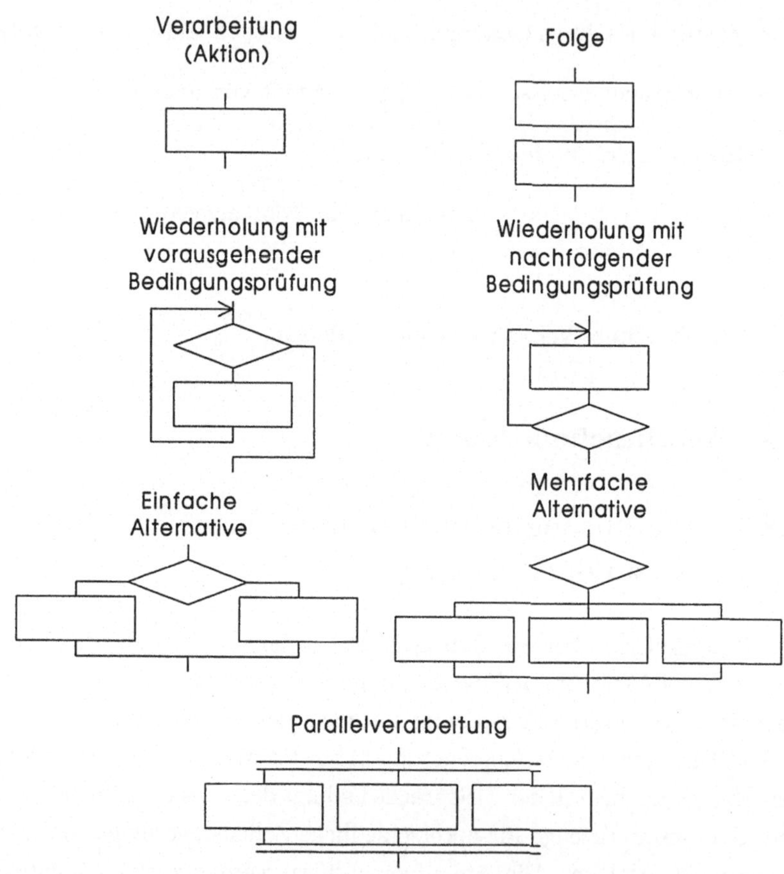

Abbildung 4.3: Symbole der Strukturelemente nach DIN 66 262

4.3.2 Darstellung als Flußdiagramm

Um zur strukturierten Programmierung anzuleiten, ermöglicht man lediglich die Verwendung der Programmkonstrukte Folge, Wiederholung, Alternative und Parallelverarbeitung, wie sie in [59] definiert sind. Die Darstellung als Flußdiagramm nach [58] (Abbildung 4.3) wird gewählt, da sie ablauforientiert und gleichzeitig weit verbreitet ist.

Ein Flußdiagramm, das nur aus einem Start- und Ende-Symbol besteht, läßt sich durch Einfügen dieser Konstrukte solange erweitern, bis der gewünschte Ablauf dargestellt wird. Dabei bleibt das Flußdiagramm zu jedem Zeitpunkt abgeschlossen und strukturiert. Eine solche Vorgehensweise läßt die Plazierung der Symbole durch den Benutzer nicht zu, da beim Einfügen eines Elements alle nachfolgenden Teile verschoben werden müssen. Die Anordnung ist deshalb vom Synthesewerkzeug zu leisten.

4.3.3 Verwendete Datenstrukturen

Das Synthesewerkzeug soll vollständig objektorientiert aufgebaut werden. Das objektorientierte Paradigma besitzt folgende Vorteile:

- Datenabstraktion. Die innerhalb eines Objektes verwendeten Datenstrukturen bleiben nach außen hin verborgen. Der "Benutzer" eines Objektes braucht sich um diese Darstellung nicht kümmern.

- Wiederverwendbarkeit. Objekte bieten eine Möglichkeit, Programmteile mehrfach in einem Programm oder sogar in mehreren Projekten zu verwenden. Dies erlaubt dem Programmierer Objekte als Programmkomponenten zu betrachten, die analog zu IC's in elektronischen Schaltungen, wann immer sie benötigt werden, in das Programm "eingesteckt" werden können.

- Wartbarkeit. Auch wenn ein Objekt lediglich einmal benutzt wird, bringt die objektorientierte Programmierung eine bessere Wartbarkeit des Programms mit sich, da Änderungen innerhalb eines Objektes weniger Auswirkungen auf das Gesamtprogramm haben.

- Rapid-Prototyping. Der im objektorientierten Paradigma vorhandene Vererbungsmechanismus ermöglicht dem Programmierer schnell neue Objekte, durch die Änderung oder Erweiterung vorhandener Objekte abzuleiten. Komplexe Systeme können so in relativ kurzer Zeit prototypisch erstellt werden.

- Erweiterbarkeit. Die meisten objektorientierten Sprachen erlauben dem Programmierer neue Datentypen zu definieren und so den standardmäßigen Sprachumfang seinen Bedürfnissen anzupassen.

- Konzeptionelle Konsistenz. In vielen Fällen lassen sich Objekte der realen Welt direkt in Programmobjekte umsetzen. Während bei der traditionellen prozeduralen Programmierung erst aufwendige Mechanismen zur Umsetzung dieser realen Objekte in Programmteile entworfen und implementiert werden, die das Programm schwer durchschaubar machen, wird durch die eindeutige Zuordnung zwischen realen Objekten und Programmobjekten das Programm verständlicher.

Bei der objektorientierten Programmierung werden strukturell gleichartige Objekte in Klassen zusammengefaßt. Die Klassendefinition ist dabei analog zur der Typendefinition zu sehen. Im folgenden sollen diese Definitionen des Syntheseprozesses entworfen werden.

Die zu definierenden Klassen des Editors lassen sich in zwei Gruppen unterteilen: die Klassen der graphischen Benutzeroberfläche und die Klassen der Flußdiagramm-Datenobjekte. Die Klassen, mit denen die Benutzeroberfläche realisiert wird, hängen dabei von den gewählten Werkzeugen ab und werden daher erst bei der Realisierung behandelt. Die Flußdiagramm-Datenobjekte dagegen sind realisierungsunabhängig und werden daher hier konzipiert.

Die Datenstruktur des Flußdiagramms soll einen strukturierten Programmablauf nach DIN 66 262 repräsentieren. Zulässige Elemente sind somit Aktion, Schleife mit vorausgehender Wiederholungsbedingung (while-Schleife), Schleife mit nachfolgender Wiederholungsbedingung (until-Schleife), bedingte Aufspaltung (if-Verzweigung) und unbedingte Aufspaltung (Parallelität). Eines der Probleme beim Entwurf der Flußdiagrammklassen ist die selbständige Anordnung und Positionierung der Elemente des Flußdiagramm-Graphen. Angelehnt an [62] werden drei Schritte durchgeführt:

- **Kalkulation**: der Platzbedarf der Symbole und Symbol-Gruppen wird ermittelt, eine relative Positionierung wird möglich,

- **Positionierung**: die absolute Position jedes Symbols wird errechnet und in Koordinaten festgehalten,

- **Zeichnung**: für jeden Symbol-Typ wird die entsprechende Graphik auf der Zeichenfläche ausgegeben.

Betrachtet man die Information, die Objekte der verschiedenen Flußdiagramm-Elemente beinhalten müssen, so lassen sich einige Eigenschaften und Methoden ableiten, die bei allen Elementen vorkommen. Dazu gehören beispielsweise die Geometriedaten (Koordinaten, Breite)

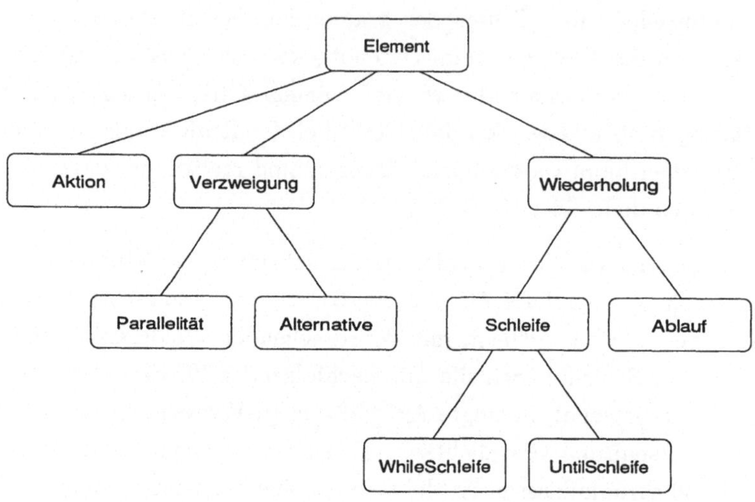

Abbildung 4.4: Klassenhierarchie der Datenstruktur

sowie Vorgänger– und Nachfolgeraktion. Es bietet sich an, sie in einer Basisklasse vom Typ `Element` (Abbildung 4.4) zusammenzufassen. Hier werden alle klassenspezifischen Methoden virtuell vordefiniert. Alle Flußdiagrammklassen leiten sich direkt oder indirekt von dieser Basisklasse ab.

Auf der ersten Ableitungsebene befindet sich die Elementarklasse `Aktion`, die zusätzlich Eigenschaften für den Aktionsinhalt enthält, sowie die Subklasse `Verzweigung` mit einer Liste der Unterzweige und `Wiederholung` mit einem Verweis auf den Beginn der Wiederholung.

Die zweite Ebene in der Klassenhierarchie bilden die Elementarklassen
`Parallelität` und `Alternative`, letztere mit der Liste der Eintrittsbe-
dingungen in die `Alternative`-Zweige. Auch die Ableitungen der Subklasse `Wiederholung`, der Elementarklasse `Ablauf` und der Subklasse
`Schleife`, die die Wiederholungsbedingung enthält, sind auf dieser Ab-
leitungsstufe einzuordnen.

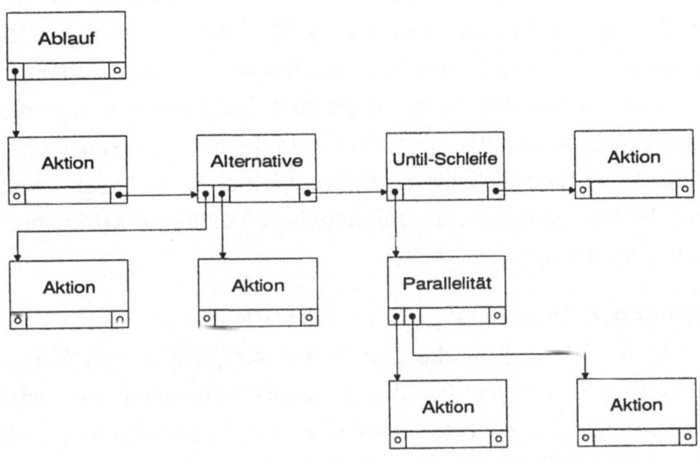

Abbildung 4.5: Interne Darstellung eines Zellenablaufs

Schließlich werden aus der Subklasse `Schleife` noch die Elementarklassen `WhileSchleife` und `UntilSchleife` abgeleitet, die sich nicht in
ihren Eigenschaften, sondern durch den Zeitpunkt, an dem die Wiederholungsbedingung abgefragt wird, unterscheiden.

Alle Datenobjekte, die dynamisch bei Konstruktion der Ablaufvorschrift generiert werden und diese programmintern beschreiben, sind vom Typ einer Elementarklasse. Basis- und Subklassentypen erscheinen in dieser Datenstruktur nicht (Abbildung 4.5). Sie werden aber in den verschiedenen Prozeduren, mit denen die Datenstruktur bearbeitet wird, berücksichtigt.

Die Universalität von Basisklassenzeigern kommt im Zusammenspiel mit virtuellen Methoden zum Tragen: in der Basisklasse werden die in allen Sub- und Elementarklassen auftretenden Methoden als virtuelle Methoden vordefiniert. Dadurch kann auf ein Objekt einer abgeleiteten Klasse eine Methode angewandt werden ohne zu differenzieren, welche der existierenden Methoden aufgerufen werden muß. Diese Entscheidung wird anhand des "wirklichen" Typs des Datenobjekts, das aufgerufen wird, getroffen. Die Implementierung umfangreicher Fallunterscheidungen kann auf diese Weise umgangen werden.

Die wichtigsten Prozeduren, die in jeder Elementarklasse ausgebildet sind, sind die Methoden, die gemäß der vorgeschlagenen Vorgehensweise (Seite 61) die Position des Elements berechnen, es positionieren und zeichnen. Sie beinhalten also den Darstellungsalgorithmus. Weitere wichtige Methoden der Flußdiagramm-Elementarklassen sind Einfüge-, Duplizier- und Löschfunktionen. Sie dienen der Modifikation des Flußdiagramms nach den Regeln der strukturierten Programmierung. Ebenfalls als Methoden in die Elementarklassen integriert sind die Ausgabe-Funktionen. Sie haben die Aufgabe, die Ablaufvorschrift in das Produktmodell abzulegen, um eine Weiterverarbeitung (Editieren, Konvertieren) zu ermöglichen.

Das Erzeugen der internen Darstellung beim Wiedereinlesen einer Ablaufvorschrift aus dem Produktmodell, läßt sich nicht beliebig einfach als

Methode der Flußdiagrammklassen spezifizieren. Deshalb wurde eine neue Klasse geschaffen, die das Einlesen der Daten durchführt. Dabei wird überprüft, ob es sich um eine, den Regeln der strukturierten Programmierung entsprechende Ablaufvorschrift handelt. Anschließend wird die Flußdiagramm-Datenstruktur aufgebaut.

4.4 Analysefunktionen

4.4.1 Notwendige Funktionalitäten

Das Analysewerkzeug muß dem Anwender die Möglichkeit bieten, seine erstellten und abgespeicherten Ablaufvorschriften zu laden und zu simulieren. Es übernimmt dabei für die Fehlersuche die Aufgabe der Zellensteuerung und arbeitet die Flußdiagrammkonstrukte ab. Zusätzlich wird die Ablaufvorschrift wie im Synthesewerkzeug, graphisch dargestellt, die momentan ablaufenden Aktionen werden durch Marken kenntlich gemacht, so daß jederzeit ersichtlich wird, an welcher Stelle sich die Simulation gerade befindet.

Da eine Ähnlichkeit mit einem Source-Code-Debugger für Programmiersprachen vorliegt, werden dessen Grundfunktionalitäten in das Analysewerkzeug übernommen:

- **Step**: Eine einzelne Aktion wird simuliert, anschließend wird der Ablauf wieder unterbrochen.

- **Start / Continue**: Ausgehend von der aktuellen Cursor-Markenposition im Flußdiagramm wird die Simulation des Ablaufs nach einer Unterbrechung fortgesetzt. Ist eine Aktion erfolgreich simuliert worden, wird die logisch folgende Aktion zur Abarbeitung herangezogen, die Simulation kontinuierlich fortgesetzt, falls nicht eine Unterbrechungsbedingung gegeben ist.

- **Stop**: Der Simulationslauf wird nach Beendigung der laufenden Aktion(en) unterbrochen ("Interrupt").

- **Reset**: Die Cursor-Marken werden wieder auf den Anfang des Flußdiagramms gesetzt, alle Systemzustände erhalten ihren Ausgangswert.

- **Breakpoints**: An beliebigen Aktionen innerhalb eines Ablaufs können solche Markierungen gesetzt werden. Wird eine dieser Marken erreicht, wird die Abarbeitung des Ablaufs automatisch unterbrochen.

Um dem Benutzer das gleiche "look and feel" zu geben wie bei der artverwandten Applikation "Synthesewerkzeug", soll die Benutzeroberfläche des Analysewerkzeugs den gleichen Aufbau wie die Benutzeroberfläche des Synthesewerkzeugs besitzen.

Die Anlehnung der Oberfläche des Analysewerkzeugs an die des Synthesewerkzeugs hat zur Folge, daß nicht nur das Aussehen der Applikationen beibehalten wird, sondern auch die Klassenhierarchie weitgehend übernommen werden kann. Hierarchie und Funktionalität der Flußdiagramm-Klassen brauchen nicht geändert zu werden, die Algorithmen zur Darstellung und zum Einlesen eines Ablaufs sind mit denen im Synthesewerkzeug identisch. Ergänzt werden müssen bei allen Elementarklassen nur Methoden zur Ablauf-Steuerung.

4.4.2 Ablauf-Steuerung

Um die Aufgabe der Ablaufsteuerung zu definieren, betrachtet man am besten die in einer Zellensteuerung implementierte Ablaufsteuerung, die Ablaufvorschriften abarbeitet. Ein Petri-Netz basierter Algorithmus kann hierfür herangezogen werden [18, 63, 64]. Jede Aktion im Netz wird interpretiert, entsprechende Anweisungen werden an die angeschlossenen Maschinen- bzw. Roboter-Steuerungen geschickt und es wird auf deren Rückmeldung gewartet.

Treten im Ablauf Bedingungen auf, beispielsweise als Weiterschalt– oder Schleifen-Bedingung, so werden diese von der Ablaufsteuerung geprüft und gemäß des Ergebnisses wird in der Abarbeitung fortgefahren. Die gleichzeitige Behandlung mehrerer Aktionen in einer Parallelität erfolgt "quasiparallel", das bedeutet, daß die ersten Aktion eines jeden Zweiges nacheinander, ohne weitere Überprüfung gestartet werden. Die Ablaufsteuerung sorgt am Ende der Parallelität dafür, daß erst weitergearbeitet wird, wenn alle parallelen Zweige beendet wurden und damit der Ablauf wieder synchronisiert ist.

In den Entwurf eines Ablaufsteuerungs-Algorithmus' müssen alle diese Funktionalitäten Eingang finden. Es ergeben sich daher die folgenden zwei Restriktionen:

- Mehrere Aktionen müssen "quasiparallel" bearbeitet werden können. Es genügt nicht, nur jeweils *eine* gerade aktive Aktion zu speichern, also einen "Operationsmerker" zu setzen, der auf die derzeit in Ausführung (Simulation) befindliche Aktion zeigt. Vielmehr muß eine Liste solcher Merker geführt werden, die für jeden Parallelzweig einen Eintrag enthält. Deshalb kann nicht auf die Rückmeldung einer Aktion "beschäftigt" (synchron) gewartet werden. Der Algorithmus muß nach jeder Vergabe von Anweisungen an die Steuerungen terminieren und auf die Rückmeldung einer beliebigen Steuerung warten. Ist eine Fertig-Meldung eingetroffen, muß an der zugehörigen Stelle im Ablauf weitergearbeitet werden, d.h. für die nächste Aktion die Simulation gestartet werden. Die Ablaufsteuerung muß somit eine asynchrone Abarbeitung des Flußdiagramms ermöglichen.

- Der Algorithmus soll sich in das Konzept der Objektorientiertheit einbinden lassen. Er kann nicht aus einer (rekursiven) Prozedur bestehen, mit der ein einfacher linearer Ablauf behandelt werden kann. Jede Elementarklasse muß den Teil des Algorithmus als Methode enthalten, der für ihre Abarbeitung notwendig ist.

Es entsteht damit die Forderung nach einem asynchronen, objektorientierten Ablaufsteuerungsalgorithmus, der in den Analyseprozeß zu integrieren ist.

Die Erweiterung der Methoden umfaßt im wesentlichen zwei Schritte. Der erste Schritt wird ausgeführt, wenn der Anwender die Simulation startet oder, bei schrittweisem Vorgehen, den nächsten Schritt freigibt. Das Flußdiagramm wird dabei nach dem (den) Operationsmerker(n) und damit nach der (den) nächsten auszuführenden Aktion(en) durchsucht. Jede gefundene Aktion wird eindeutig identifiziert und zusammen mit der Aufforderung zu ihrer Ausführung an die Steuerung gesandt. Damit ist der erste Schritt, das *Starten* beendet, der Algorithmus terminiert und das Analysewerkzeug wartet auf Benutzereingaben oder eintreffende Fertig-Meldungen.

Der zweite Schritt, die *Statusüberprüfung*, wird aktiviert, wenn eine Rückmeldung einer Steuerung angekommen ist. Anhand der Fertig-

Meldung wird die beendete Aktion identifiziert, als fertig abgearbeitet erkannt und es wird zur nächsten Aktion weitergeschaltet. Liegt keine Unterbrechungsbedingung vor und ist die jetzt auszuführende Aktion nicht mit einem Breakpoint versehen, wird diese, wie im vorangegangenen Absatz beschrieben, als auszuführende Aktion gekennzeichnet und der erste Schritt des Algorithmus aktiviert. Trifft einer der beiden Unterbrechungsgründe zu, wird die Ausführung abgebrochen und das Analysewerkzeug geht in den Wartezustand über. Eine weitere Abarbeitung kann nur durch eine Bedienerinteraktion eingeleitet werden.

Breakpoints lassen sich in diesem Algorithmus einfach verwirklichen, indem in der Basisklasse `Element` eine boolesche Variable eingeführt wird. Ihren Wert kann der Benutzer durch Anwählen des Elements und Setzen bzw. Löschen eines Breakpoints ändern. Ausgewertet wird sie bei der *Statusüberprüfung* des Ablaufsteuerungs-Algorithmus.

Bei diesem Algorithmus wird die Behandlung von Bedingungen noch nicht berücksichtigt. Abbildung 4.6 zeigt verschiedene Möglichkeiten der Zustandsbehandlung.

- Bei der *Zustandsbehandlung in der Zellensteuerung* werden alle Zellenzustände in der Zellensteuerung gespeichert. Es liegt hier also ein vollständiges Bild der Zelle vor. Die Steuerungsnachbildungen sind hier so zu konzipieren, daß sie jede Zustandsänderung automatisch an die Zellensteuerung weitermelden. Es handelt sich hier um ein zentralistisches Konzept.

- Die *Zustandsbehandlung in der Steuerung* entspricht einem dezentralen Konzept. Da die Zustandsvariablen, aus denen sich Bedingungen zusammensetzen, nicht in der Ablaufsteuerung gespeichert sind, müssen sie von den Steuerungen abgefragt werden.

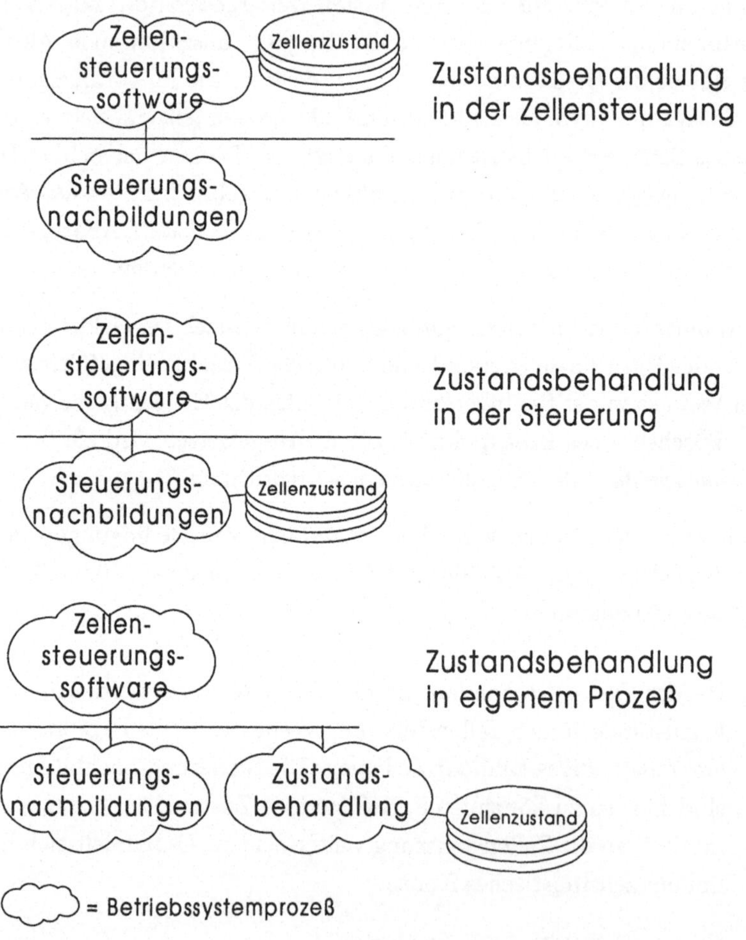

Abbildung 4.6: Mögliche Arten der Zustandsbehandlung

- Ein eigener Prozeß zur Zustandsbehandlung *(Zustandsbehandlung in eigenem Prozeß)* stellt ein sehr flexibles Konzept dar. Hier melden die Steuerungsnachbildungen Zustandsänderungen an eine zentrale Zustandsbehandlung weiter. In dieser ist das aktuelle und vollständige Bild der Zelle gespeichert. Ebenso wie bei der vorhergehenden Alternative fragt die Ablaufsteuerung die von ihr benötigten Zustände hier ab.

Mehrere Gründe sprechen dafür, bei der Implementierung der Zustandsbehandlung nach dem dritten Schema, einer zentralen Zustandsbehandlung vorzugehen. Eine aufwendige Variablen-Verwaltung im Analysewerkzeug wird unnötig und die Applikation bleibt flexibel in Bezug auf Unterschiede im Management der Zustands-Variablen. Sollen mehrere Ablaufsteuerungen, wie eine Ablaufsteuerung in dem Analysewerkzeug und eine Ablaufsteuerung in der zu integrierenden "realen" Zellensteuerung, eingesetzt werden, so kann durch diese zentrale Stelle die Konsistenzhaltung der Zustände erleichtert werden, da ansonsten mehrere Zellenabbilder aktualisiert werden müßten.

4.5 Integration externer Funktionsmodule

4.5.1 Zellenebene

Für die Integration externer Funktionsmodule soll eine Interfacebibliothek bereitgestellt werden, mit der diese an die interne Interprozeßkommunikation angeschlossen werden können. Dem Entwickler eines derartigen Moduls bleibt dadurch die Implementierung der Interprozeßkommunikation verborgen. In dieser Bibliothek werden Funktionen für verschiedenartige Funktionalitäten bereitgestellt. Unterschieden wird dabei zwischen Modulen unterschiedlicher steuerungstechnischer Hierarchieebenen: der *Zellen-*, *Steuerungs-* und *Aktor-/Sensorebene*. Für die Einbindung dieser Module spielt es keine Rolle, ob es sich um Nachbildungen realer Software oder die originalen Programme handelt.

Die für die Integration einer realen Zellensteuerung (*Zellenebene*) in das Programmiersystem notwendigen Funktionalitäten umfassen (Abbildung 4.7) das Starten einer Aktion, den Empfang der Fertigmeldung von der Steuerung und das Beenden der Zellensteuerung selbst. Werden beim Start und Fertigmelden einer Aktion Parameter mitübergeben, so ist eine besondere Behandlung der Zustandsabfrage nicht nötig, da sie als eine der möglichen Aktionen betrachtet werden kann.

4.5.2   Steuerungsebene

Die Steuerungen stellen das Bindeglied zwischen der *Zellenebene*, wo die Ablaufvorschrift im Synthese–, Analysewerkzeug oder der Zellensteuerung abgearbeitet wird, und der Simulation der *Aktor-/Sensorebene* dar. Sie entsprechen also der *Steuerungsebene*. Sie nehmen Aktionsaufrufe entgegen, arbeiten diese ab und melden das Ergebnis zurück. Viele Steuerungsnachbildungen existieren bereits in anderen Bereichen, wie der Roboter– oder NC–Maschinensimulation. Im Idealfall wird diese Software bereits vom Hersteller der Maschine oder des Roboters erstellt und mitgeliefert. Ihre Funktion läßt sich auf folgende Schritte zurückführen (Abbildungen 4.7 & 4.8):

- Entgegennahme einer Aktion von der Zellenebene (Input),

- Ausführung des Aktions-Inhalts,

- Ausgabe der Daten an die Aktor-/Sensorebene,

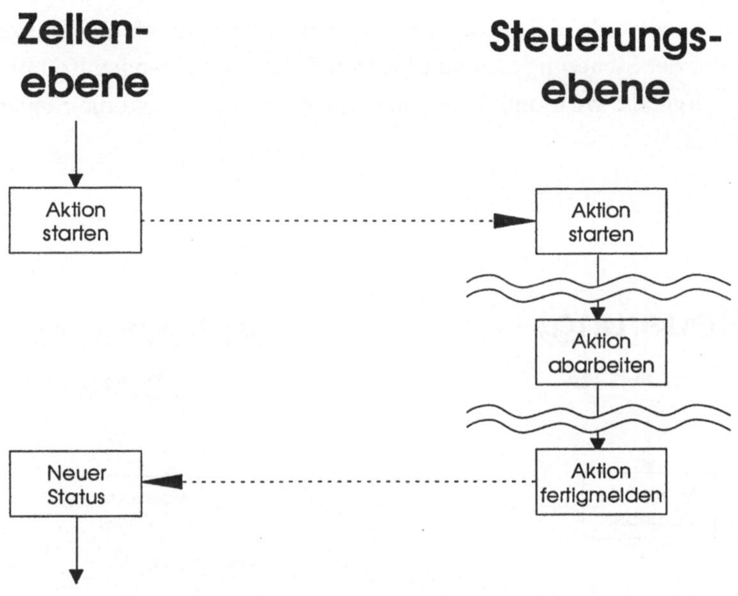

Abbildung 4.7: Kommunikation zwischen Zellen- und Steuerungsebene

- Entgegennahme der Fertigmeldung von der Aktor-/Sensorebene,

- Fertigmeldung an die Zellenebene.

Ergebnis der Aktionsinterpretation müssen Informationen sein, die der Simulation als Eingabe genügen. Da alle notwendigen Berechnungen bereits von der Steuerung geleistet werden, handelt es sich bei einer 3D-Simulation ausschließlich um zwei Datentypen: Ausgabe der Steuerung sind Pakete, bestehend aus Achsdaten und Positionsdaten. Solche

Geometriedaten können in dieser Form im Modell der Simulation weiterverwendet werden. Ergänzt wird diese Bibliothek durch eine Funktion, mit der der Steuerung die Identifikation der zu simulierenden Komponenten mitgeteilt wird und durch eine andere Funktion, die die Steuerung beendet.

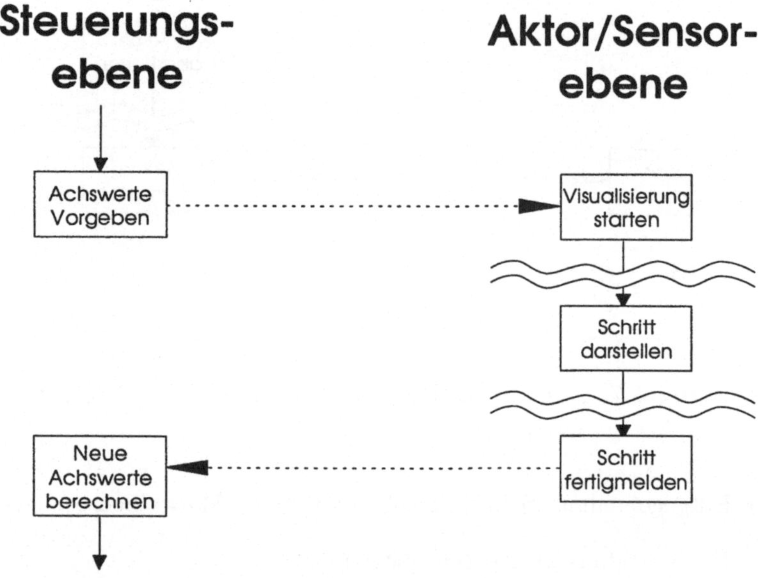

Abbildung 4.8: Kommunikation zwischen Steuerungs- und Aktor-/Sensorebene

4.5.3   Aktor-/Sensorebene

Zur Simulation der *Aktor-/Sensorebene* soll ein bereits verfügbares 3D-Echtzeitsimulationssystem herangezogen werden. Die Kommunikation zwischen dieser und der *Steuerungsebene* läuft in vier Schritten ab: Wird das System gestartet, meldet sich die Steuerungssoftware bei der Simulation an. In diesem Schritt findet die Zuordnung zwischen der Steuerung und der simulierten Kinematik statt. Nun kann die Steuerung, falls eine Bewegung simuliert werden soll, die von ihr errechneten und von der Simulation darzustellenden Geometrieinformationen, wie beispielsweise Achswerte von Robotern, der Simulation senden. Hat diese die Informationen umgesetzt, quittiert sie dies der Steuerung. Dieser Vorgang wiederholt sich beliebig oft (Abbildung 4.8). Soll die Steuersoftware ausgetauscht werden, meldet sie sich als letzte Aktion noch von der Simulation ab. Die Steuerung der Kinematik kann ab diesem Zeitpunkt von einer anderen Steuerung übernommen werden. Um dies möglichst einfach zu realisieren, muß eine Interfacebibliothek mit folgenden Funktionen bereitgestellt werden:

- Anmeldung von Steuerungen an die Simulation,

- Übernahme neuer Achswerte und Koordinaten,

- Bestätigung der Position,

- Abmeldung von Steuerungen.

Neben dieser Steuerungs-Schnittstelle werden noch zusätzliche Funktionen zur Verwaltung der Simulation bereitgestellt. Hierzu gehören das Laden eines Zellenlayouts und das Beenden der Simulation, aber auch Anweisungen zur Änderung der Darstellungsart, wie das Umschalten von

Raster- auf Vektorgrafik. Da derartige Funktionen sehr stark von der verwendeten Simulationssoftware abhängen, wird ein Funktionsprototyp geschaffen, der die Kommunikationsmechanismen beinhaltet, ansonsten aber frei definiert werden kann.

4.6   Zusammenfassung

Die Konzeption des Multiprozeßsystems erfüllt die im Anforderungsprofil geforderten Funktionalitäten. Besonders ihre Flexibilität hinsichtlich der Erweiterbarkeit und Möglichkeit zur Integration externer, bereits vorhandener Funktionsmodule wie Zellensteuerungs-, Steuerungs- oder Simulationssoftware, kommt einer ökonomischen Nutzung vorhandener Entwicklungen entgegen.

Die Basisfunktionsmodule entsprechen in ihren Funktionalitäten dem in Kapitel 3 aufgestellten Anforderungsprofil. Sie sind eine geeignete Ausgangsbasis für Weiterentwicklungen auf dem Gebiet der Ablaufprogrammierung. Die im Synthesewerkzeug, dem Flußdiagrammeditor, realisierten Unterstützungsfunktionen helfen Ablaufvorschriften nicht nur schneller, sondern auch fehlerärmer zu generieren. Das bereitgestellte Analysewerkzeug, der Debugger, läßt eine einfache Fehlersuche zu. Die Bereitstellung von Schnittstellen zur Integration einer realen Zellensteuerung ermöglicht es, durch ihre Anbindung Fehler, die auf das Zusammenspiel zwischen Ablaufvorschrift und Zellensteuerung zurückzuführen sind, zu erkennen.

5 ZeReS - Ein Werkzeug zur Zellenablaufplanung

5.1 Überblick

In diesem Kapitel wird die prototypische Realisierung des in Kapitel 4 entworfenen Konzepts beschrieben. Abbildung 5.1 zeigt eine Darstellung der Bedieneroberfläche von ZeReS , dem im Rahmen dieser Arbeit realisierten Prototypen. Die einzelnen Fenster sind den jeweiligen Funktionsmodulen zugeordnet.

Nach der Auswahl eines Zielsystems wird auf die zur Realisierung der Systemstruktur nötigen Komponenten eingegangen. Anschließend erfolgt die Beschreibung eines Flußdiagrammeditors, der als Synthesewerkzeug dient. Bevor auf die Integration von Steuerungsnachbildungen und die Anbindung eines 3D-Echtzeitsimulationsmoduls eingegangen wird, erfolgt eine nähere Betrachtung eines Flußdiagrammdebuggers zur Analyse der Ablaufvorschrift.

5.2 Auswahl des Zielsystems

Als Zielsystem dient die in [25, 18] beschriebene Zellensteuerung, der "Universelle Zellenrechner". Auf die Einsetzbarkeit des Systems hat dies jedoch keinen Einfluß, da der zellensteuerungsspezifische Teil sich vor allem auf den Zielsprachenkompiler beschränkt und nur hier Anpas-

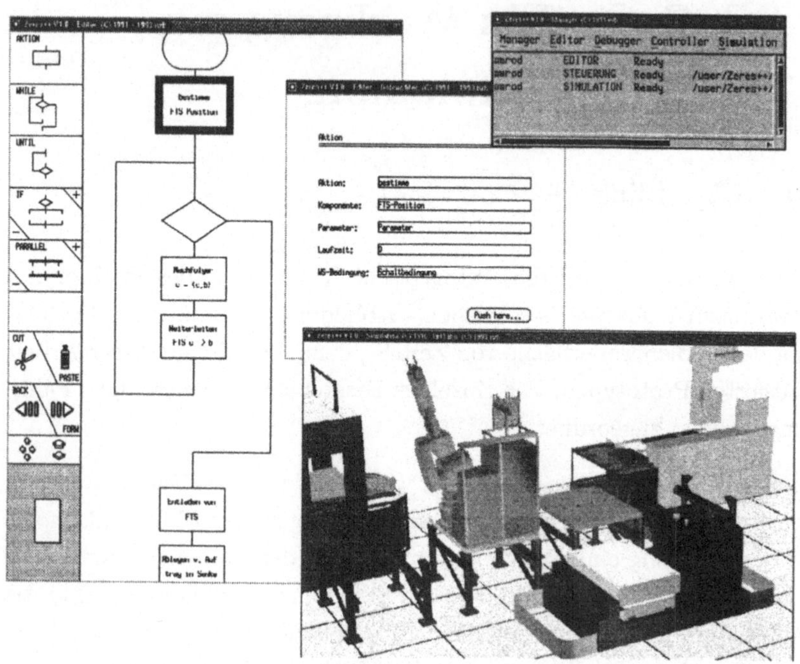

Abbildung 5.1: Die ZeReS Bedieneroberfläche

sungen vorgenommen werden müssen. Dieser Kompiler ist eine eigene Frontendanwendung.

Der reale Zellenrechner besitzt eine Petri-Netz-basierte Ablaufsteuerung, so daß eine Transformation des Flußdiagramms nötig ist. Eine 1:1-Entsprechung zwischen Petri-Netz-Konstrukten und Flußdiagramm-Konstrukten (siehe Abbildung 5.2) erleichtert diese Arbeit.

Vor dieser Umsetzung wird der Ablauf auf seine syntaktische Korrekt-

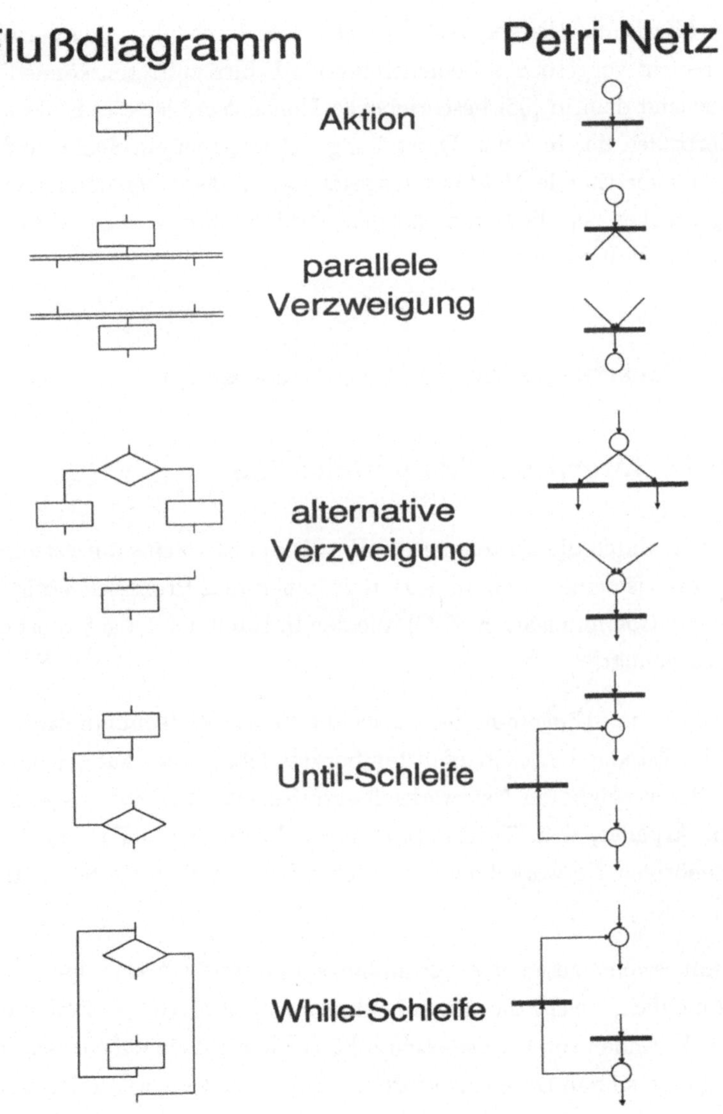

Abbildung 5.2: 1:1-Entsprechung Flußdiagramm ↔ Petri-Netz

heit überprüft. Dieser Test ist nötig, da durch physikalische Effekte oder nicht vorgesehene Bedienereingriffe Fehler auftreten können. Entsprechend dem in [65] beschriebenen Konzept erfolgt das Einlesen und Überprüfen der internen Darstellung. Tritt dabei ein Fehler auf, wird eine entsprechende Meldung ausgegeben und der Übersetzungsvorgang abgebrochen. Ist die Syntax korrekt, wird die interne Darstellung in die Zielsprache umgesetzt.

5.3   Beschreibung der Systemstruktur

5.3.1   Interprozeßkommunikation

Bedingt durch die Verteilung des Entwicklungssystems auf verschiedene Prozesse ist eine Kommunikation zwischen den Prozessen nötig (Inter Process Communication, IPC), die den in Kapitel 4.2.2 geforderten Kriterien genügt.

In einer Unix-Umgebung bietet sich die Interprozeßkommunikation über die im Berkley Unix eingeführten Sockets [66, 67] an, auf der ein Großteil der verfügbaren Netzwerksoftware basiert. Die Sockets setzen auf dem Arpanet, dem Transport Controll Protocol (TCP) und dem dazugehörigen Network Layer Protocol, dem Internet Protocol (IP) auf [66].

Damit ist eine gesicherte, verbindungsorientierte Übermittlung von Daten möglich, welche die ersten beiden oben geforderten Kriterien erfüllt. Das Versenden von Daten beschränkt sich hier jedoch auf elementare Datentypen, so daß Datenstrukturen erst in ihre elementaren Bestandteile aufgebrochen werden müßten.

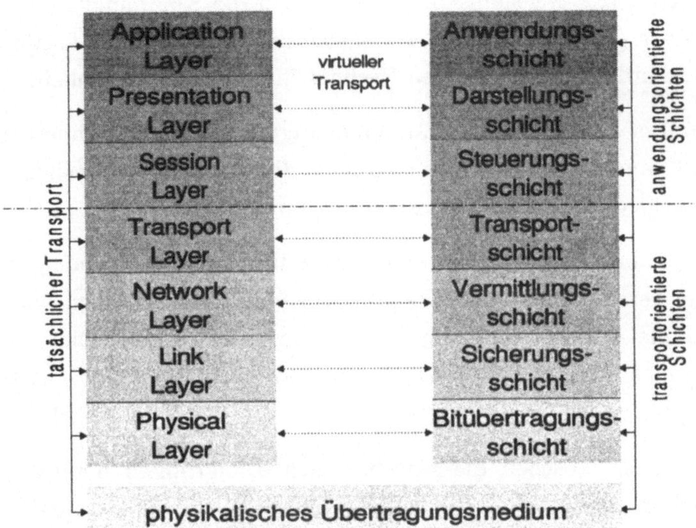

Abbildung 5.3: ISO/OSI-Schichtenmodell [69]

Abhilfe schafft hier der im Rahmen von [68] entwickelte IPC-Mechanismus. Er stellt eine Funktionsbibliothek bereit, die den Verbindungsauf- und -abbau bewerkstelligt sowie ein Transformationsprogramm, welches zu komplexen Datenstrukturen entsprechende Transportfunktionen generiert, die zusammen mit den elementaren Schnittstellenfunktionen der TCP/IP-Bibliothek eine netzwerktransparente Übermittlung der Datenstrukturen ermöglicht. Am ISO/OSI-Schichtenmodell (Abbildung 5.3) [69] ist der Funktionsumfang dieser IPC-Bibliothek bei den Schichten 4 bis 6 einzuordnen.

Über diesen IPC-Mechanismus können auch die Kommunikationspartnerprozesse gestartet werden, wobei sich dies nicht nur auf lokale Prozesse beschränkt, sondern jeden Rechner im Netzwerk einschließt.

Die Voraussetzungen für die Datenübertragung zwischen Rechnerprozessen sind damit gegeben. Offen sind noch die Kommunikationsbeziehungen zwischen den Prozessen des Entwicklungssystems.

Zunächst muß für jedes Tool eine Verbindung zum Tool Manager vorgesehen werden, über die es organisatorische Informationen, wie zum Beispiel die Aufforderung zum Beenden des Tools, erhält. Dieser Kommunikationskanal ist während der gesamten Laufzeit des Tools aufrechtzuerhalten.

Des weiteren tauschen die verschiedenen Toolgruppen untereinander Nachrichten aus. Jedes Tool auf Zellenebene kommuniziert dabei mit der Steuerungsebene, die wiederum mit den Simulationstools Verbindung aufnimmt. Diese Kommunikationskanäle entstehen jedoch in der Regel erst dynamisch zur Laufzeit eines Tools, da ein Synthesewerkzeug eine weitere Verbindung zu einer neugestarteten Steuerung etablieren muß.

Wird für jede der aufgeführten Kommunikationsbeziehungen eine IPC-Verbindung geöffnet, entsteht bei allen Tools ein großer Aufwand beim Verwalten dieser Kanäle. Wird jedoch berücksichtigt, daß die Nachricht eines Tools immer an alle Tools der korrespondierenden Gruppe gerichtet ist ("Message Broadcasting"), lassen sich die real aufzubauenden Verbindungen reduzieren, wenn ein Message Manager zum Einsatz kommt. Seine Aufgabe besteht lediglich darin, Datenpakete eines Tools entgegenzunehmen und an alle Tools der Zielgruppe weiterzuleiten. Jedes Tool muß dann nur noch einen einzigen statischen IPC-Port zu diesem Manager eröffnen, über den alle Daten ausgetauscht werden können.

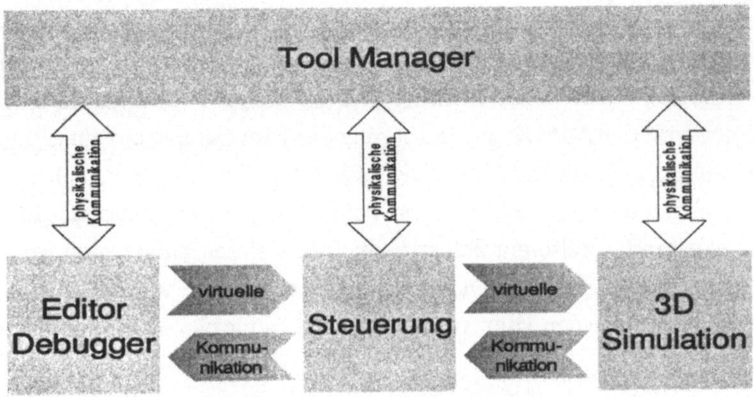

Abbildung 5.4: Struktur des Interprozeßkommunikationssystems

Da bereits eine dauernde Verbindung zum Tool Manager besteht, ist es sinnvoll, diesem die Aufgaben des Message Managers zu übertragen. "Physikalische Kommunikation" findet somit nur noch zwischen jedem Tool und dem Tool Manager statt. Logisch betrachtet, kommunizieren die Tools jedoch auch untereinander (Abbildung 5.4).

5.3.2 Systemmanagerprozeß

Der Tool Manager entspricht dem in Abschnitt 4.2.3 entworfenen Verwaltungsprozeß. Er verwaltet alle Tools in einer Prozeßliste. Jeder Eintrag in dieser Liste entspricht einem laufenden Prozeß und hält toolspezifische Informationen fest.

Wird ein neuer Prozeß vom Tool Manager gestartet, erhält die Prozeßliste zunächst einen weiteren Eintrag. Dem Binder-Prozeß auf dem Zielrechner wird der Auftrag zur Initiierung des Programms und zur Öffnung des IPC-Ports gegeben (Abbildung 5.5). Ist die Initialisierungsphase des Tools abgeschlossen, meldet dieser dem Manager den Übergang in den Wartezustand. Sollte ein Fehler beim Initialisieren aufgetreten sein, so wird dieser ebenfalls an den Manager weitergeleitet, wo er dem Benutzer angezeigt werden kann und eventuell Lösungsvorschläge angeboten werden.

Ist das Tool bereit, können - wie bereits beschrieben - Nachrichten aus anderen Toolgruppen an dieses Tool weitergeleitet werden sowie von diesem Tool zur Weiterverteilung entgegengenommen werden. Anhand dieses Nachrichtenaustauschs kann der Manager erkennen, ob sich das Tool gerade im aktiven oder inaktiven Zustand befindet und diesen Status mitloggen.

Wie aus Abbildung 5.6 zu erkennen ist, werden die (für den Benutzer) wichtigsten Informationen der Prozeßliste im Fenster des Tool Managers angezeigt. Dazu gehören Tooltyp, Hostrechner, Prozeßzustand und Arbeitsdatei. Möchte der Benutzer in einem Tool eine Verwaltungsaktion auslösen, so muß er den gewünschten Prozeß durch Anklicken mit der Maus selektieren. Auch hier ist eine Fehlerbehandlung implementiert, die den Benutzer darauf aufmerksam macht, wenn beispielsweise eine Aktion ausgewählt wird, die durch den selektierten Prozeß nicht unterstützt wird.

Die Menüleiste des Tool Managers enthält für jede Toolgruppe ein Pulldown-Menü. Editor und Debugger sind getrennt mit je einem

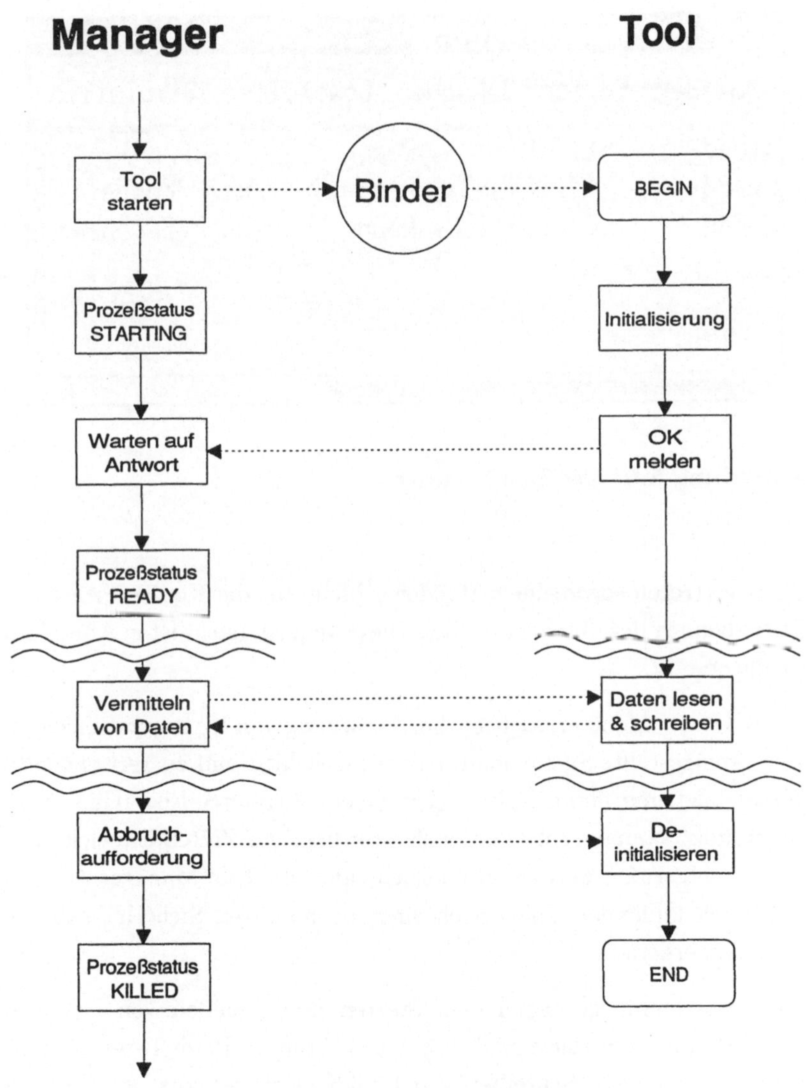

Abbildung 5.5: Das Starten eines Funktionsprozesses

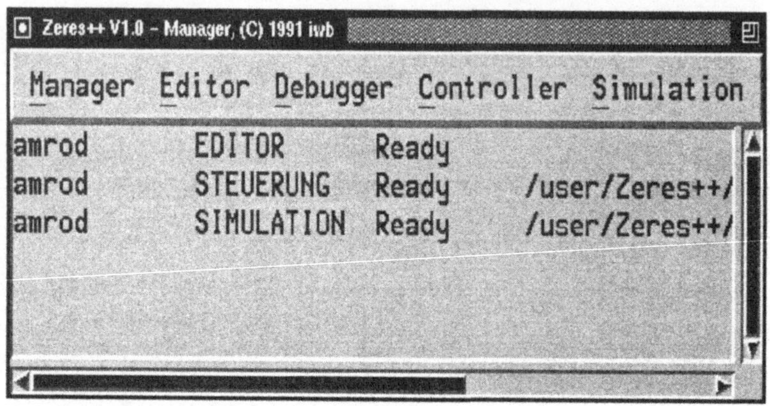

Abbildung 5.6: Der Tool Manager

Menü vertreten sowie einem Pulldown-Menü für die Konfiguration und die Bedienung des Managers selbst. Diese Menüstruktur ist in Abbildung 5.7 dargestellt.

Das Manager-Menü ermöglicht die Verwaltung von Konfigurationsdaten wie voreingestellte Suchpfade für Dateiauswahlen und zu verwendender Hostrechner und deren Sicherung in einem Ressource-File. Über einen Menüpunkt kann ein Informationsfenster über das ZeReS Entwicklungssystem aufgerufen werden. Schließlich kann der Tool Manager mitsamt aller noch laufenden Tools nach einer nochmaligen Sicherheitsabfrage beendet werden.

Im Editor-Menü ist neben dem Starten und Beenden von Editoren, die Flußdiagramm-Fileverwaltung untergebracht. Beim Lesen und auf Wunsch auch beim Schreiben von Flußdiagrammen aus bzw. in Da-

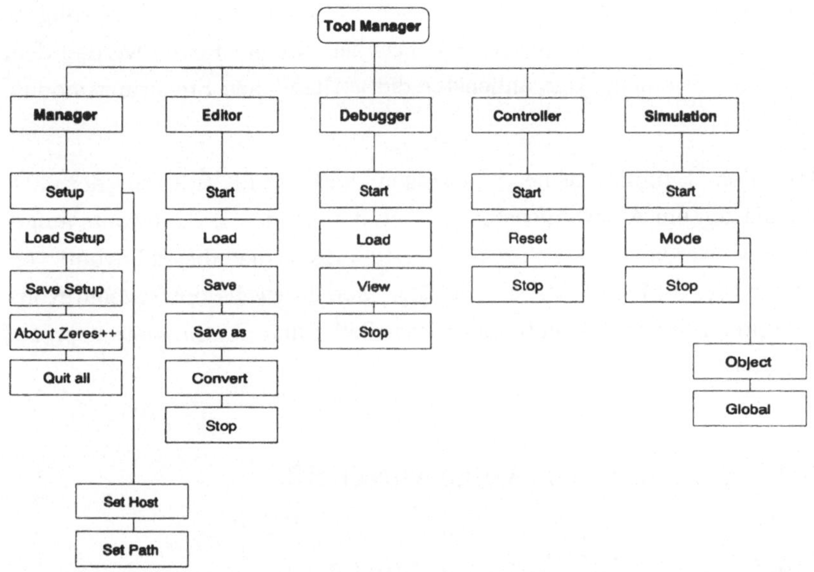

Abbildung 5.7: Menüstruktur des Managerprozesses

teien erscheint bei Anwahl dieser Menüpunkte ein Dateiauswahlfenster, in dem der Filename angegeben ist. Mit der Anwahl des Menüeintrags "Konvertieren" wird das im Editor befindliche Flußdiagramm in eine Form konvertiert, die von der realen Zellensteuerung verarbeitet werden kann.

Das Debugger-Menü ist genauso aufgebaut wie das des Editors, es fehlen lediglich die Einträge zum Abspeichern und Konvertieren von Flußdiagrammen. Sie sind nicht sinnvoll, da im Debugger keine Modifikationen am Ablaufplan vorgenommen werden können.

Die Steuerungsprozesse werden über Menüpunkte im Steuerungen-Menü gestartet, reinitialisiert und beendet. Beim Starten werden dem Benutzer in einem Auswahlfenster die vorhandenen Steuerungsmodule angeboten.

Mit den Simulationsmenü-Einträgen wird zum Starten der 3D-Simulation ein Auswahlfenster mit bereitstehenden Zellenlayouts aufgerufen, es werden die graphischen Darstellungsformen dieses Layouts verwaltet (Solid-Modell oder Drahtgitter-Modell jeweils für einzelne Komponenten oder das gesamte Layout der Zelle) und der Simulationsprozeß beendet.

5.4   Synthese der Ablaufvorschrift

5.4.1   Der Flußdiagrammeditor

Als Prototyp des in 4.3 konzipierten Synthesewerkzeugs wurde ein Flußdiagrammeditor entwickelt.

Die Benutzerschnittstelle ist so gestaltet, daß alle häufig verwendeten Funktionen des Editors über Push-Buttons am linken Rand des Editor-Fensters erreicht werden können. Die einzelnen Buttons enthalten neben der textuellen Beschreibung ihrer Funktion auch ein Icon mit der graphischen Darstellung des zugehörigen Flußdiagramm-Konstrukts bzw. des Sinnbilds der Funktionalität (siehe Abbildung 5.8).

Eine Besonderheit stellen hierbei die Buttons für Alternative- und Parallelverzweigung dar. Mit diesen Buttons soll nicht nur das Einfügen einer Verzweigung mit zwei Zweigen möglich sein, sondern auch die Anzahl der Verzweigungen erhöht bzw. verringert werden können. Um

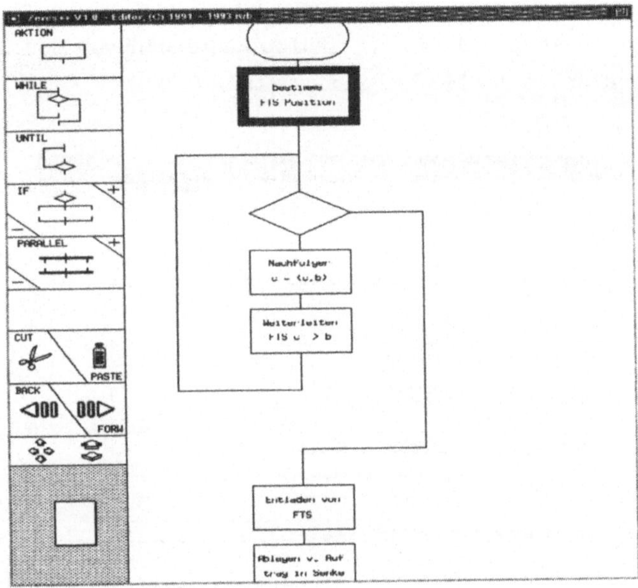

Abbildung 5.8: Der Struktureditor

dem Anwender diese Funktionalität anschaulich verständlich zu machen
und ihre Aktivierung nicht vom logisch dazugehörenden Button zu tren-
nen, sind in den entsprechenden Buttons jeweils die linke untere und
rechte obere Ecke abgetrennt, mit Plus- und Minus-Symbolen versehen
und zu "Sub-Buttons" erklärt. Durch die Dreiecksform dieser Buttons
fügen sie sich in das optische Erscheinungsbild der Push-Button-Leiste
harmonisch ein.

Auch bei den Buttons für die Cut/Paste- und Simulations/Reset-
Funktion wird auf zweckmäßige Positionierung geachtet: Die beiden

Buttons der jeweils zusammengehörigen Funktionen werden zu einem
Button-Paar vereint. Die beiden Button-Paare sind von den übrigen
Einfüge-Buttons in der Menüleiste abgesetzt.

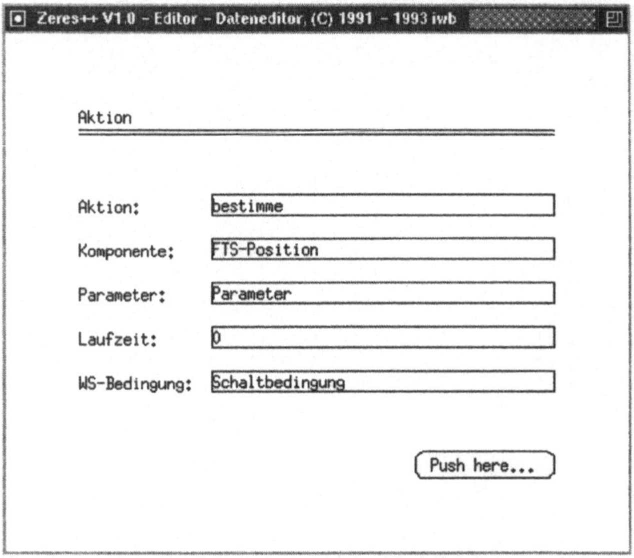

Abbildung 5.9: Der Aktionseditor

Der Darstellung des editierbaren Flußdiagramms verbleibt die gesamte
rechte Seite des Editor-Fensters. Die Zeichenfläche ist auf ein virtuelles
DIN A4 Blatt begrenzt, auf dem das Flußdiagramm immer mittig ge-
zeichnet wird. Je nach Größe, ist im Editor-Fenster nur ein Ausschnitt
der Zeichenfläche zu sehen. Ansicht und Ausschnitt des dargestellten
Flußdiagramms können auf zwei Weisen verändert werden. Die einfach-
ste Art besteht in der Änderung der Größe des Editor-Fensters. Der

sichtbare Ausschnitt wird damit größer bzw. kleiner eingestellt. Um den Ausschnitt zu verschieben, werden in Applikationen normalerweise Scroll Bars eingesetzt, die am Rand des Zeichnungsausschnitts die momentane Position in der Zeichenfläche symbolisieren. Das GUI Toolkit InterViews bietet hierfür eine weitere Möglichkeit, den sogenannten Panner. Er läßt sich in die Menüleiste integrieren und ermöglicht nicht nur die zweidimensionale Ausschnittsverschiebung (Scrolling), sondern auch die Veränderung der Perspektive (Zooming). Die Aktionen werden über vier Scroll Arrows und zwei Zoom Arrows gesteuert, unter denen eine verkleinerte Darstellung der aktuellen Perspektive angezeigt wird.

Im Flußdiagramm können die einzelnen "Bausteine" mit einem Cursor angewählt werden. Die Position des Cursors kann an der grauen Unterlegung des jeweiligen Elements erkannt werden. Um die Informationen des Elements zu editieren, auf dem sich der Cursor gerade befindet, gehört zu jedem Flußdiagramm-Editor-Fenster ein Daten-Editor-Fenster. Zu jedem Element-Typ (Aktion, Schleife, ...) gibt es darin eine Eingabe-Maske, die im Daten-Editor-Fenster angezeigt wird. Sie enthält elementspezifische Datenfelder, deren Inhalt editiert und dem Element zugewiesen werden kann. So sind z.B. für eine Aktion Informationen über Aktionsnamen, Komponente der Aktion, Aktionsparameter, Aktionslaufzeit und der Weiterschaltbedingung anzugeben (Abbildung 5.9).

5.4.2　Verwendete Datenstrukturen

Der ZeReS Editor ist vollständig in der objektorientierten Programmiersprache C++ aufgebaut, einer Weiterentwicklung von C mit Einführung von Datenabstraktion, objektorientiertem Design und objektorientierter Programmierung. Die verwendete Version 2.0 des AT&T C++ bietet unter anderem folgende Möglichkeiten:

- **Klassenkonzept**: Daten und darauf operierende Funktionen werden zu einer Klasse zusammengefaßt. Daten und Funktionen (Member) der Klasse werden in drei Kategorien unterteilt. Private Member können nur von Funktionen innerhalb derselben Klasse angesprochen werden (data hidding). Protected Member einer Klasse besitzen die selben Zugriffsrestriktionen wie Private Member, jedoch sind sie auch in abgeleiteten Klassen (siehe nächster Punkt) bekannt. Für Public Member gibt es keine Zugriffsbeschränkungen, sie können von "jedermann" angesprochen werden.

- **Vererbung**: Von existierenden Klassen können neue "abgeleitet" werden, welche alle Member der Vaterklasse übernehmen und denen weitere hinzudefiniert werden, so daß ganze Klassenhierarchien, ausgehend von einigen wenigen Basisklassen, entstehen können. Eine solche Klasse darf auch von mehreren Vaterklassen abgeleitet werden (mehrfache Vererbung, multiple inheritance).

- **Operator Overloading**: Alle existierenden Operatoren wie Addition (+), Vergleich (==), Inkrement (++), logisches UND (&&) etc. können klassenspezifisch mit zusätzlichen Funktionen hinterlegt werden, so daß dann beispielsweise der Vergleichsoperator auch auf Objekte selbstdefinierter Klassen angewandt werden darf. Gleiches gilt für vordefinierte Funktionen (`printf`, `strcpy`, ...) und benutzerdefinierte Funktionen.

Weitere Eigenschaften von C++ sind z.B. in [70, 71, 72] zu finden. Die Konzeption dieser Programmiersprache verlangt den Übergang von der prozeduralen Programmierung zu einem objektorientierten Programmierstil.

Die Klassen und damit die Datenobjekte des Editors lassen sich in zwei Gruppen unterteilen: die Klassen der graphischen Benutzeroberfläche und die der Flußdiagramm-Datenobjekte. Während für die Flußdiagramm-Datenobjekte die in 4.3.3 entworfene Klassenhierarchie realisiert ist, müssen die zur Bedieneroberfläche gehörigen Strukturen sehr an das verwendete GUI Toolkit InterViews [73] angepaßt werden.

Es handelt sich bei InterViews um eine Bibliothek von C++-Klassen zur Konstruktion von graphischen Benutzeroberflächen aus interaktiven Komponenten. InterViews basiert auf dem X-Windows System und macht sich dazu die Routinen der Xlib-Bibliothek zu nutze. Bei Entwicklung dieser Bibliothek wurde besonders auf drei Punkte geachtet:

- das Aussehen des Benutzerinterfaces soll nicht durch die vorgegebenen Komponenten erzwungen oder eingeschränkt werden,

- das Interface soll durch Kombination vorhandener Komponenten definiert werden können,

- neue Komponenten sollen einfach von existierenden abgeleitet werden können.

Die wichtigste Basisklasse ist `interactor`, von der alle Benutzerinterface-Objekte abgeleitet sind (siehe Abbildung 5.10). In dieser Klasse sind Resource-Elemente vorhanden, die Informationen enthalten über Größe und Größenveränderlichkeit des Objekts, den zugewiesenen Bereich für Ausgaben (canvas), die Behandlung von Ereignissen wie z.B. die Benutzeraktionen (input events).

Ein Beispiel für die Flexibilität dieses Konzepts sind oben erwähnte "Diagonal-Buttons". Deren Klassen von der Basisklasse `interactor`

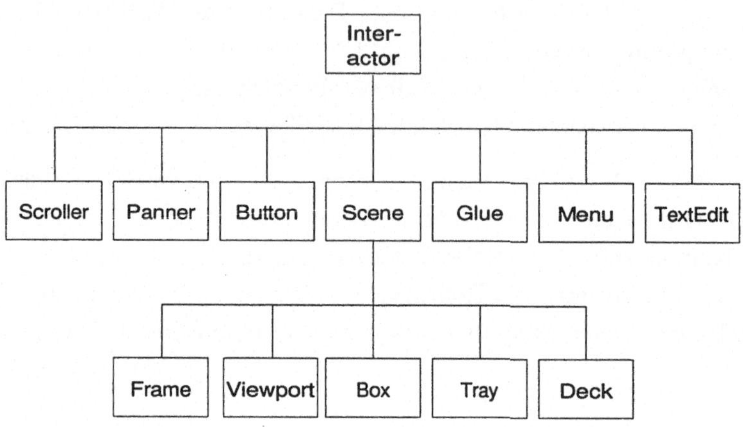

Abbildung 5.10: InterViews-Klassenhierarchie

abgeleitet sind. Dabei werden virtuell vorhandene Member-Funktionen
zur Behandlung von "redraw events" mit einem Funktionsrumpf versehen, in dem Graphik, Beschriftung und Begrenzungslinien ausgegeben werden. Dem Interactor werden als Eingabe-Ereignisse Mausklicks
zugeordnet, die in der entsprechenden Methode zu deren Behandlung
klassifiziert, also dem Einfüge-Button oder einem der beiden dreieckigen
Plus-/Minus-Buttons zugeordnet werden. Mit anderen GUI Toolkits erfordert dies einen wesentlich höheren Programmieraufwand. Analog wird
in der Applikation mit den anderen Buttons vorgegangen.

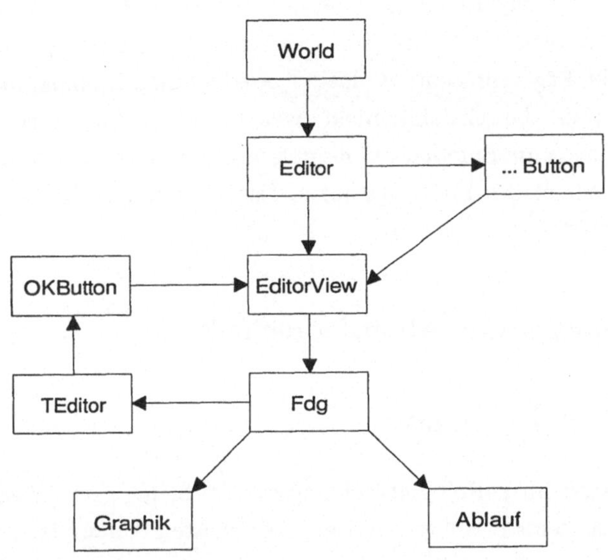

Abbildung 5.11: Hauptstruktur der Bedieneroberfläche des Editors

Um aus den von InterViews vorgegebenen und selbstdefinierten Klassen die graphische Benutzeroberfläche aufzubauen, werden von den benötigten Klassen (Fenster, Buttons usw.) Datenobjekte kreiert, deren Hierarchie in Abbildung 5.11 dargestellt ist. Toplevel-Objekt der Applikation bildet ein Datenobjekt vom Typ World. Es stellt die Verbindung zum X-Windows System her. World verweist auf das untergeordnete Objekt der Klasse Editor. Dieses enthält die Zeiger auf alle Bedienelemente, also die Menüleiste und auf den Repräsentanten des angezeigten Flußdiagramm-Ausschnitts (EditorView). Im Datenobjekt Editor werden alle Benutzereingaben gesammelt. Sie werden weitergeleitet, da die eigentliche Bearbeitung der Eingabe, wie in Abschnitt 4.3.3 beschrieben, erst in den Flußdiagramm-Datenobjekten stattfindet. Das Objekt `Fdg` repräsentiert das zu bearbeitende Flußdiagramm. Es enthält sowohl das Graphikobjekt, welches die physikalische Ausgabe der Flußdiagramm-Symbole vornimmt, als auch einen Verweis auf das oberste Element des Flußdiagramms, also die dynamische Datenstruktur aus Flußdiagrammelement-Klassen (Abschnitt 4.3.3).

5.5   Analyse der Ablaufvorschrift

5.5.1   Der Debugger

Der Debugger im ZeReS Entwicklungssystem bietet dem Anwender die Möglichkeit, seine erstellten und abgespeicherten Ablaufpläne zu laden und im Ganzen zu simulieren. Der Debugger übernimmt dabei die Aufgabe des Zellenrechners und arbeitet die Flußdiagrammkonstrukte ab. Zusätzlich ist der Ablaufplan wie im Editor graphisch dargestellt, die momentan ablaufenden Aktionen werden durch Cursor-Marken kenntlich gemacht, so daß jederzeit sofort ersichtlich ist, an welcher Stelle sich die Simulation gerade befindet.

Um dem Benutzer das gleiche "look and feel" zu geben wie bei der artverwandten Applikation ZeReS Editor (beide dienen der Entwicklung von Flußdiagrammen), ist die Benutzeroberfläche des Debuggers gleichfalls mit dem GUI-Toolkit InterViews [73] erstellt und die im Editor eingeführte Fensteraufteilung beibehalten (Abbildung 5.12).

Die fünf in Abschnitt 4.4.1 beschriebenen Funktionen werden in die Menüleiste am linken Rand des Debugger-Windows plaziert, ergänzt vom Panner-Menü zur Ausschnittsbestimmung. Alle anderen, weniger

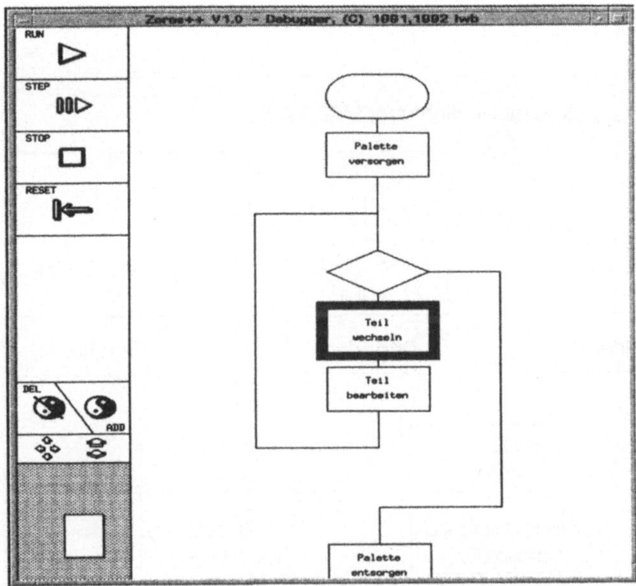

Abbildung 5.12: Der Debugger

frequentierten Funktionen (z.B. Laden eines Ablaufplans) sind im entsprechenden Pull-Down-Menü des Tool Managers zu finden und werden von dort ausgelöst.

Die Anlehnung der Oberfläche an die des Editors hat zur Folge, daß nicht nur das Aussehen der Applikationen beibehalten wird, sondern auch die Klassenhierarchie weitgehend übernommen werden konnte. Die Datenstruktur der Klassen, welche die Benutzeroberfläche erzeugen, wird lediglich an den Stellen der Menüleisten-Push-Buttons abgeändert.

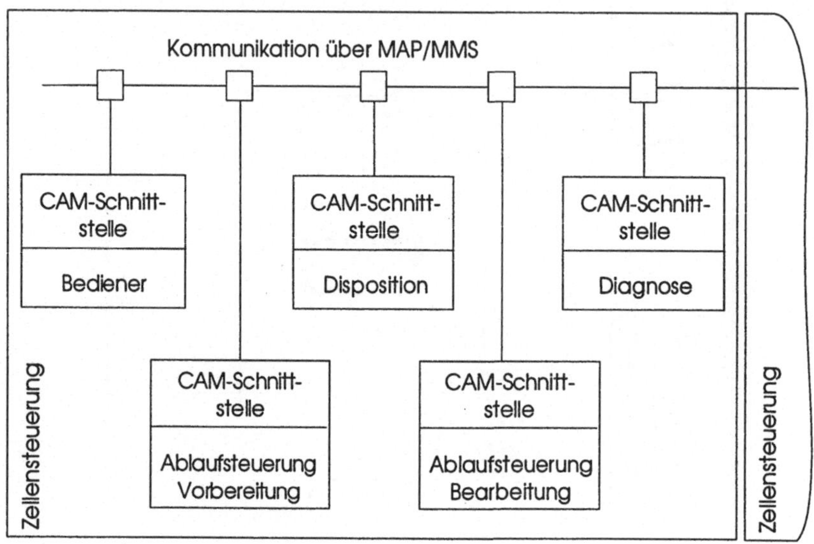

Abbildung 5.13: Multiprozeßstruktur der Zellensteuerung [28]

5.5.2   Die Zellensteuerung

Die in Abschnitt 5.2 ausgewählte Zellensteuerung [18, 25, 28], der "Universelle Zellenrechner" ist beispielhaft in das Entwicklungssystem integriert, um, wie auf Seite 46 gefordert, Fehler soweit wie möglich auszuschließen. Eine Anbindung des in [26] beschriebenen Steuerungskonzeptes wäre aufgrund der offenen Systemstruktur ebenso denkbar gewesen. Der Zellenrechner bietet sich aufgrund seiner in [28] dargestellten Multiprozeßstruktur an. Die im realen Zellenrechner über MAP/MMS realisierte

Interprozeßkommunikation (Abbildung 5.13) wird lediglich durch das Interprozeßkommunikationssystem von ZeReS ersetzt.

5.5.3 Die Steuerungsnachbildungen

Analog sind auch die Steuerungs-Prozesse in ZeReS einzuordnen. Je simulierter Zellenkomponente muß ein Steuerungsprozeß existieren, der die Befehle dieser Komponente erkennt, interpretiert und Daten für die 3D-Simulation aufbereitet und weiterleitet.

Die Hauptintention liegt darin, eine Interface-Bibliothek zu implementieren, mit der bestehende und neu zu entwickelnde Steuerungen in das ZeReS Entwicklungssystem eingebunden werden können. Eine flexible Programmierung der Kommunikation ist nicht wünschenswert, um die Entwickler von Steuerungen an die eingeführten Kommunikations-Konventionen zu binden.

Um die Portabilität der Bibliothek zu gewährleisten, sind alle Funktionen in der Programmiersprache C codiert. Dies ist vor allem deshalb notwendig, da C-Routinen sowohl aus C- wie auch aus C++-Programmen aufgerufen werden können, C++-Routinen jedoch nicht beliebig einfach in C-Programme einzubinden sind. Alle Bibliotheksfunktionalitäten setzen auf der bereits bei den anderen Tools verwendeten IPC-Bibliothek auf und lassen sich in drei Gruppen gliedern:

Initialisierung: Hier sind die Routinen zur Initialisierung und Beendigung zu nennen. Die Initialisierung ist abgeschlossen, wenn der Aufbau einer Kommunikationsbeziehung zum Tool Manager durchgeführt werden konnte.

Bei der Beendigung wird dieser Kommunikationskanal vor dem

Beenden des Steuerungsprozesses ordnungsgemäß geschlossen, d.h. die Verbindung abgebaut.

Datenversand: Hierunter fallen Routinen, welche die Steuerung benutzen kann, um Mitteilungen an andere Tools und den Tool Manager zu verteilen.

Unmittelbar nach Abschluß der Initialisierung muß die Steuerung mit einer Bereit-Meldung den Übergang in den Warte-Zustand dem Tool Manager anzeigen. Ein boolescher Wert über den Erfolg der Initialisierung sowie ein optionaler Fehlertext können dabei übertragen werden.

Bevor die Steuerung Geometrie-Pakete an die Simulation adressieren darf, muß sie dies dem Tool Manager melden. Dabei wird die Anzahl der Achs- und Positionsdaten-Pakete benannt, welche für die Berechnung eines Simulationsbildes erforderlich sind. Damit ist sichergestellt, daß der Tool Manager erst dann das Signal für eine Simulationsbild-Berechnung gibt, wenn alle Steuerungen ihre Informationen für dieses Bild geliefert haben. Das Gegenstück zu vorgenannter Funktion ist die Simulations Abmeldung. Der Tool Manager wird dadurch informiert, daß die Steuerung nicht mehr an der Simulation teilnimmt.

Zum Versenden der Geometriedaten stehen Funktionen für Positionsdaten und für Achsdaten bereit. Objektspezifizierung, Raumkoordinaten und Achswerte werden hierbei übertragen, wobei Objekte mit ihrem Layout-Namen und bei Kinematiken zusätzlich mit der Achsnummer identifiziert werden. Damit die Steuerung die Ausgangspositionen der Objekte im Zellenlayout in ihre Berechnungen einbeziehen kann, sind Achs- und Positions-Wertabfragen vorgesehen. Routinen zur Kinematik– und Positionsabfrage übergeben nur eine Objektidentifikation, die gefragten Werte werden nicht direkt zurückgeliefert. Schließlich muß die Steuerung der Planungstools den Ausgang einer Aktionssimulation bzw. Bedingungsprüfung melden.

Datenempfang: Um Anforderungen und Ergebnisse via IPC an die Steuerung zu senden, müssen diesen entsprechende Verarbeitungsroutinen bereitgestellt werden. Trifft eine Meldung ein, wird zuerst eine bibliotheksinterne Funktion ausgeführt, die den Typ der Nachricht bestimmt und die zugeordnete Verarbeitung anstößt. Zur Anbindung der Verarbeitungsroutinen dienen die Empfangsprozedur-Handler:

Ein Handler für den Abbruch setzt die Prozedur in Gang, die den Steuerungsprozeß in einen definierten Endzustand bringt (De-Initialisierung) und beendet. Eine Abbruchaufforderung, die diesen Vorgang auslösen würde, kommt z.B. dann vom Tool Manager, wenn der Benutzer den Menüpunkt "Steuerung beenden" angewählt hat. Auf gleiche Weise kann vom Benutzer eine Reset-Aufforderung ausgelöst werden, um den Initialisierungszustand der Steuerung (und damit auch der Simulation) wiederherzustellen.

Funktionen zur Behandlung eintreffender Aktionssimulations- und Bedingungsprüfungs-Aufforderungen werden mit einem Aktions- und Bedingungs-Handler gesetzt. Von Seiten der 3D-Simulation können drei Nachrichtentypen an die Steuerung übermittelt werden, dementsprechend gibt es drei Routinen. Ein Simulations-Rückmeldungs-Handler installiert die Funktion zur Aufnahme von Rückmeldungen der Simulation. Jeder Eintrag von Achs- und Positionsparametern wird mit einer Quittungsmeldung bestätigt. Die aufgerufene Prozedur wertet diese aus, berechnet die Geometrie-Pakete des nächsten Bildes und versendet diese. Zwei weitere

Handler stehen für den Empfang und die Verarbeitung des Ergebnisses einer Geometrie- bzw. Kinematik-Abfrage zur Verfügung.

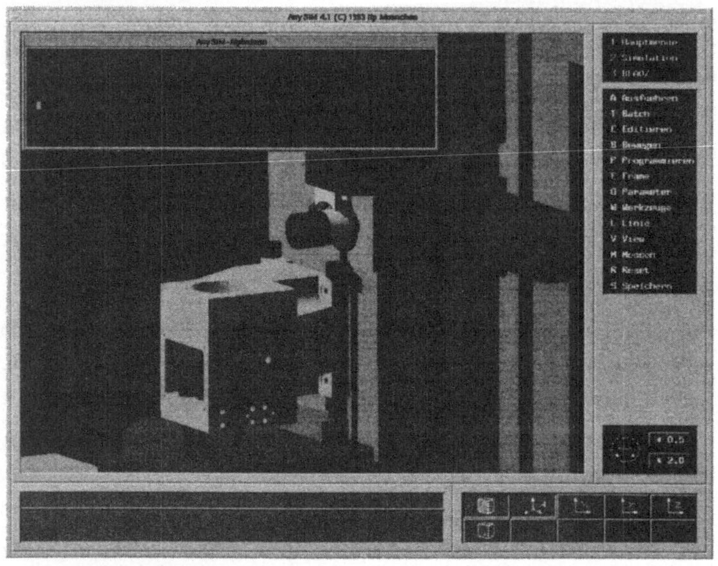

Abbildung 5.14: Das Simulationssystem COSIMA

5.5.4　Die Zellensimulation

5.5.4.1　3D-Simulationssystem COSIMA

Der Entwurf und die Realisation eines Simulationssystems zur dreidimensionalen Darstellung von Produktionszellen würde ein komplexes und zeitaufwendiges Unterfangen darstellen. Das am Institut für Montageautomatisierung (ifm) entwickelte 3D-Simulationssystem COSIMA (Computer aided Simulation of Machining Processes) (Abbildung 5.14) dient der graphischen Simulation von NC-Programmen auf Werkzeugmaschinen und enthält somit bereits eine mächtige Implementation des erforderlichen Funktionsumfangs [3, 5].

So können mit COSIMA NC-Programme überprüft und korrigiert werden und das zugehörige Zellenlayout graphisch-interaktiv nach dem Baukastenprinzip aus einer umfangreichen Objekte-Bibliothek aufgebaut werden. Während der Simulation kann der Standpunkt des Betrachters beliebig verändert werden. Auf einem Textschirm wird das NC-Programm angezeigt, ein Cursor markiert den aktuellen NC-Programmsatz. Kollisionen zwischen Maschinenteilen, Werkzeugen und Werkstücken werden in der laufenden Simulation durch Berechnungen aufgedeckt und angezeigt.

Aus programmtechnischer Sicht setzt sich COSIMA aus mehreren Modulen zusammen:

- **Visualisierungs-Modul**: Aus den Layoutdaten werden hier dreidimensionale Bilder errechnet, die sowohl als Drahtgitter- wie auch als Solid-Modell dargestellt werden können.

- **Datenmodul**: Alle darzustellenden komplexen Objekte eines Layouts werden mit ihren Verwaltungs-, Geometrie- und Kinematik-Daten als verkettete Liste gehalten und von Funktionen des Datenmoduls modifiziert. Besondere Beachtung wird den Positionsdaten der Objekte geschenkt.

- **Maschinenbeschreibung**: Neben der geometrischen Beschreibung der Maschine ist in COSIMA die jeweilige Maschinensteue-

rung vollständig und genau nachgebildet. Steuerungsspezifische
Unterprogramme und Zyklen werden korrekt interpretiert.

- **Benutzerschnittstelle**: In diesem Modul werden die Benutzereingaben registriert und verarbeitet. Berücksichtigung finden
  Tastatureingaben, Mausaktivitäten sowie Änderungen der Dial-
  Einstellungen. Eine wechselnde Menüleiste wird hier verwaltet und
  führt den Benutzer durch das Programm.

Realisiert ist COSIMA in der Programmiersprache C, unter Verwendung des Graphical Toolkit Starbase, das komplexe Funktionen zur 2D-
und 3D-Darstellung von Objekten anbietet, worin beispielsweise auch
Buffering-Prozeduren zur wechselseitigen Berechnung und Ausgabe von
Bildspeichern enthalten sind. Der Ausgabebereich ist mit Xlib-Aufrufen
in ein X-Windows-Fenster eingebunden.

5.5.4.2   Integration in ZeReS

Durch Integration einer reduzierten COSIMA-Version läßt sich der Programmieraufwand für die Simulation wesentlich verringern. Außerdem
wird die Applikation gleichzeitig kompatibel zur Zellenlayout-Datei und
-Filestruktur von COSIMA. Zellenmodelle, die für COSIMA vorliegen,
können uneingeschränkt übernommen werden.

Ausgehend vom C-Sourcecode wird COSIMA durch die Reduzierung
der Programm-Module zu einer 3D-Visualisierung modifiziert und mittels neuer Funktionen in die ZeReS Entwicklungsumgebung integriert.
So durfte die Maschinensteuerung vollständig entfallen, da diese Aufgabe von der vorgeschalteten Instanz der ZeReS Steuerung bewältigt
wird. Die Benutzerschnittstelle wird bis auf die Abfrage der Dials

herausgenommen. Menüausgaben im Simulationsfenster werden nicht mehr benötigt. Ergebnis ist die ZeReS Simulation, ein intelligentes Visualisierungs-Fenster, in dem nur noch die Produktionszelle in ihrem dreidimensionalen Modell angezeigt wird (siehe Abbildung 5.15).

Abbildung 5.15: Dreidimensionale Darstellung der Zelle

Um die Einbindung der Simulation in ZeReS möglich zu machen, ist zusätzlich eine Kommunikationsschnittstelle zum Tool Manager nötig. Über sie werden alle im vorhergehenden Abschnitt erwähnten Positionierungsdaten ausgetauscht und zusätzlich zu Steuerungs- und Verwaltungsbefehlen des Tool Managers selbst. Die Initialisierungsphase von COSIMA wird dazu so abgeändert, daß zum einen die Kommunikationsschnittstelle initialisiert und zum anderen automatisch ein Zellenlayout geladen und initialisiert wird. Informationen über die Kommunikationsschnittstelle und das Zellenlayout werden vom Tool Manager übertragen.

Ist die ZeReS Simulation einsatzbereit, meldet sie dies dem Tool Manager. Eintreffende Datenpakete mit Positionierungsinformationen werden unter Zuhilfenahme der Modifikations-Routinen des Datenmoduls in die Objekt-Datenstruktur eingetragen und auf Befehl vom Tool Manager mit den Visualisierungsprozeduren in ein neues Bild umgesetzt. Ist das Bild erstellt, erhalten aktive Steuerungen ihre Rückmeldung mit Hinweisen auf eventuell aufgetretene Fehler. Dies kann zum Beispiel eine Kollision zwischen zwei Objekten sein oder eine Überschreitung des zulässigen Aktionsbereichs eines Roboters.

5.6   Zusammenfassung

Der im Rahmen dieser Arbeit beschriebene Prototyp ZeReS hat besonders die Offenheit des erarbeiteten Konzeptes aufgezeigt. Durch seine Multiprozeßstruktur in Verbindung mit den Tool Manager und den Interfacebibliotheken ist es möglich, ohne allzugroßen Aufwand Funktionsmodule aus anderen Anwendungen an ZeReS anzubinden. Die Einführung einer internen Darstellungsform macht die Verwendung von ZeReS für die Generierung von Ablaufvorschriften für die unterschiedlichsten Zellensteuerungen möglich.

Das realisierte Synthesewerkzeug, der Flußdiagrammeditor, unterstützt mittels seiner einfachen grafischen Bedieneroberfläche sowie der Möglichkeit Aktionen darzustellen den Bediener bei der schnellen und gleichzeitig fehlerarmen Erstellung von Ablaufvorschriften. Zusätzlich wurde ein Analysewerkzeug, der Debugger, realisiert. Seine, dem Flußdiagrammeditor ähnliche Bedieneroberfläche ermöglicht eine einfache Fehlersuche. Die Integration einer realen Zellensteuerung hat gezeigt, daß durch sie

Fehler, die auf das Zusammenspiel zwischen Ablaufvorschrift und Zellensteuerung zurückzuführen sind, entdeckt werden können. Eine Kollisionsüberprüfung, wie sie in Abschnitt 2.7 gefordert wurde, kann anhand der integrierten 3D-Simulation erfolgen.

6 Diskussion und Ausblick

6.1 Diskussion

Ziel der Arbeit ist eine Reduzierung des Einsatzaufwands von flexiblen Zellensteuerungen durch die effiziente Generierung optimaler Zellenabläufe. Programmierbare Zellensteuerungen erreichen durch die Trennung von System- und Anwendungsprogramm eine hohe Flexibilität. Der Anwender der Zellensteuerungen muß jedoch hier neben Roboter– bzw. Werkzeugmaschinenprogrammen auch Zellenabläufe erzeugen. Werden diese Zellenabläufe online an der realen Zelle erzeugt, treten zusätzliche Zeitverluste bei der Inbetriebnahme bzw. der Umstellung der Anlage auf ein neues Produkt auf. Eine Offline-Erzeugung wie bei RC- und NC-Programmen muß daher angestrebt werden. Bei der Erstellung müssen einerseits logische Abfolgen festgelegt werden, andererseits muß die Kollisionsfreiheit dieser Abläufe sichergestellt werden. Zwei Lösungsansätze, die derzeit verfolgt werden, stellen jeweils eine der beiden Problemstellungen in den Vordergrund. Entweder liegt der Schwerpunkt auf der logischen Korrektheit oder es wird vor allem die Kollisionsfreiheit berücksichtigt.

Eine ganzheitliche Betrachtung der Zellenablaufprogrammierung ist daher Grundlage dieser Arbeit. Als Basis wurde ein Anforderungsprofil erstellt. Hierfür wurden die Schnittstellen der Zellenablaufprogrammierung untersucht. Ausgehend von einer systematischen Vorgehensweise für die Programmierung von Zellenablaufvorschriften wurden Hilfsfunktionen zusammengestellt und Funktionsblöcken zugeordnet. Basierend auf das gewonnene Anforderungsprofil wurde eine Systemstruktur entworfen und realisiert, in die den Funktionsblöcken zugeordnete Module integriert werden können. Eine einheitliche Schnittstelle des allen Planungssystemen gemeinsamen Modells wurde durch die Einführung einer zentralen Instanz erreicht. Das so realisierte Multiprozeßsystem entspricht der geforderten Flexibilität hinsichtlich der Erweiterbarkeit und Möglichkeit zur Integration fremder Funktionsmodule wie Zellensteuerungs-, Steuerungs- oder Simulationssoftware. Diese Vorteile und die durch die Interprozeß-Kommunikation gewonnene Netzwerktransparenz sowie die damit hochgradige Ausnutzung der Netzwerkressourcen rechtfertigen den nicht zu unterschätzenden Mehraufwand. Die Einführung einer internen Darstellungsform macht die Verwendung von ZeReS für die Generierung von Ablaufvorschriften für die unterschiedlichsten Zellensteuerungen möglich. Die realisierten Funktionsmodule, der Flußdiagrammeditor sowie der Debugger unterstützen, aufgrund ihrer einheitlichen grafischen Bedieneroberflächen sowie der Möglichkeit Aktionen zu simulieren, den Bediener bei der schnellen und gleichzeitig fehlerarmen Generierung und Verifizierung von Ablaufvorschriften. Weitergehende Fehler, die auf das Zusammenspiel zwischen Ablaufvorschrift und Zellensteuerung zurückzuführen sind, können mittels einer in das System integrierten, realen Zellensteuerung lokalisiert werden.

Im Rahmen dieser Arbeit wurde ein Werkzeug geschaffen, das es dem Planer ermöglicht, Zellenabläufe mit Hilfe eines Simulationsmodells zu erzeugen, bezüglich ihrer Durchlaufzeit zu optimieren und auf ihre Fehlerfreiheit hin zu testen. Die Problemstellungen, die sich bei der Auftragsdurchführung (Abbildung 6.1) durch den Zellenrechner ergeben, konnten dadurch zu einem großen Teil gelöst werden und eine Ver-

ringerung der Durchlaufzeit sowie eine Aufwandsreduzierung bei der
Programmierung von Zellenabläufen erzielt werden.

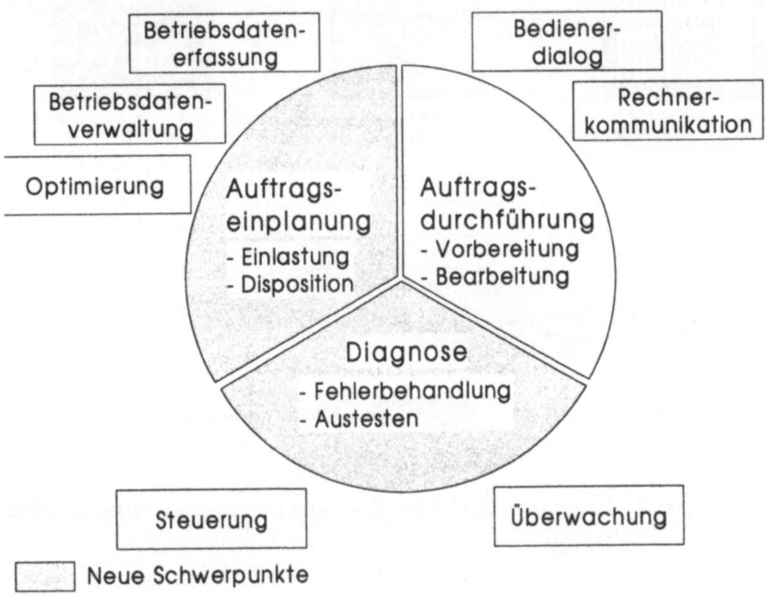

Abbildung 6.1: Mögliche Schwerpunkte weiterer Untersuchungen
(nach [18])

6.2 Ausblick

Eine Fortführung der Arbeit ist hinsichtlich der Unterstützung des Planers bei den beiden anderen Hauptaufgaben der Zellensteuerung, der
Auftragseinplanung und der Diagnose (Abbildung 6.1), sinnvoll und
denkbar:

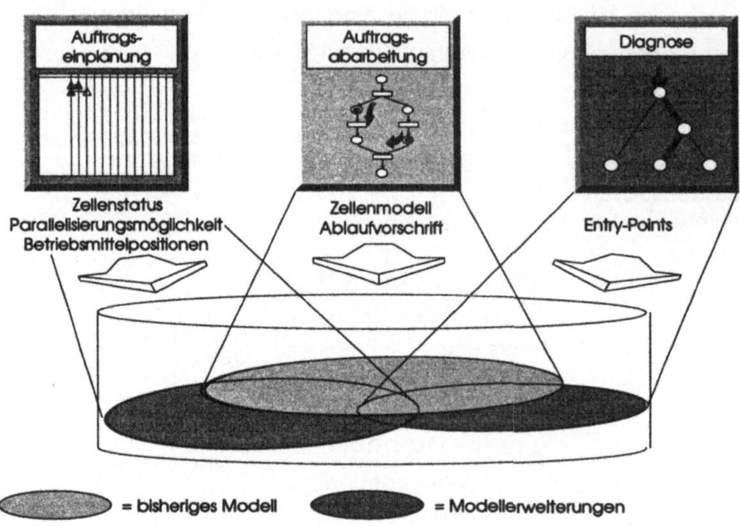

Abbildung 6.2: Erweiterung der für den Zellenrechner bereitgestellten
Daten

- Auftragseinplanung: Die Verkürzung der Durchlaufzeit eines Auf-
  tragspaketes, bestehend aus mehreren Aufträgen mit unterschiedlichen Zellenabläufen, ist eines der Ziele der Auftragseinplanung.
  Dabei treten Fragestellungen auf, bei denen der Planer durch
  ein modellbasiertes System zur Zellenablaufprogrammierung unterstützt werden kann. Eine weitere Nutzung von bei der Zellenablaufprogrammierung gewonnenen Informationen kann so helfen,
  den Zielen "Verringerung der Durchlaufzeit" und "Verbesserung
  der Maschinen- bzw. Betriebsmittelausnutzung" näherzukommen.

- Diagnose: Neben dem Zeitgewinn ist die Erhöhung der Verfügbarkeit bzw. des Ausnutzungsgrades bei kapitalintensiven Produk-

tionsanlagen seit längerer Zeit Ziel vieler Forschungsaktivitäten [9, 10, 25, 13]. Neue Tendenzen versuchen über diese rein strukturellen Maßnahmen hinauszugehen. Ziel ist es dabei, Produktionszellen autonom auf Störungen bzw. auf veränderte Umweltbedingungen reagieren zu lassen. Dafür muß ein weitergehendes "Wissen" über die Zelle bzw. die möglichen Aktionen der Zellensteuerung bereitgestellt werden. Für die Zellenablaufprogrammierung bedeutet dies, daß nunmehr nicht nur störungsfreie Abläufe untersucht, sondern auch Störungen simuliert werden müssen.

Zu diesem Zweck können einerseits die im Zellenablaufprogrammiersystem vorhandenen Funktionalitäten erweitert, zum anderen, wie in Abbildung 6.2 dargestellt, das für die Zellensteuerung bereitgestellte Modell erweitert werden. Diese konsequente Weiterführung der bisherigen Untersuchungen verspricht eine über die bereits erzielte Aufwandsreduzierung hinausgehende Erhöhung des Ausnutzungsgrades der Produktionszelle dadurch, daß sie Optimierungen bei der Auftragseinplanung sowie die Steigerung der Autonomie der Zellen aufgrund weitergehender Diagnosefunktionalitäten ermöglicht.

Abbildungsverzeichnis

Literaturverzeichnis

[1] E. KOHEN. „Informationsverarbeitung in FFS". VDI–Verlag, Düsseldorf (1990).

[2] N.N. Leittechniken für flexible Fertigungssysteme. In „Wettbewerbsfaktor Produktionstechnik, Aachener Werkzeugmaschinen-Kolloquium '90", Seiten 349–392. VDI Verlag (1990).

[3] N. SCHRÜFER. „Rüstzeitreduzierung durch 3D-NC-Simulation". Dissertation, Technische Universität München (1990).

[4] P. WRBA. „Simulation als Werkzeug in der Handhabungstechnik". Dissertation, Technische Universität München (1989).

[5] J. MILBERG UND N. SCHRÜFER. Grafische 3D-Simulation der NC-Bearbeitung. *wt Werkstattstechnik* (78), 305–309 (1988).

[6] T. KOEPFER. „3D – grafisch-interaktive Arbeitsplanung — ein Ansatz zur Aufhebung der Arbeitsteilung". Dissertation, Technische Universität München (1991).

[7] C. MAIER-ROTHE. Arbeitszeitmanagement in der Forschung. In „Arbeitszeitmanagement und Fertigungsorganisation, 4. Fertigungswirtschaftliches Kolloquium", Seiten 399–425. gfmt - Gesellschaft für Management und Technologie mbH (1990).

[8] H.-J. BULLINGER, K.-P. FÄHNRICH UND R. ILG. Der Benutzer in offenen Systemen. *Offene Systeme* 1(1) (1992).

[9] E. STREIFINGER. „Beitrag zur Zuverlässigkeit und Verfügbarkeit moderner Fertigungsmittel". Dissertation, Technische Universität München (1986).

[10] N. REITHOFER. „Nutzungssicherung von flexibel automatisierten Produktionsanlagen". Dissertation, Technische Universität München (1987).

[11] W. JUNIKE. Hierarchische Steuerungssysteme für die Automatisierung von Fertigungsanlagen. *wt – Z.ind.Fertig* **75**(8) (1985).

[12] G. PRITSCHOW. Die flexible Fertigungszelle - Chance und Herausforderung auch für den mittelständischen Betrieb. *wt – Z.ind.Fertig* **75**(11) (1985).

[13] H. HAMMER. Erfahrungen über Verfügbarkeit, Betriebsverhalten und Einsatzbedingungen von flexiblen Fertigungssystemen. In „Produktionstechnisches Kolloquium", Berlin (1986).

[14] W. JUNIKE. Zellenrechner - Funktionserweiterung der CNC-Steuerungen. *wt – Z.ind.Fertig* **78** (1988).

[15] G. DUELEN, H. LINNEMANN UND R. BERNHARDT. Informationsarchitektur in datengetriebenen Fabriken. In „Produktionstechnisches Kolloquium", Berlin (1986).

[16] A. GROHA UND C. KLIPPEL. Integrierter Material– und Informationsfluß in der flexibel automatisierten Fertigung. *CIM–Praxis* **4**, 97–102 (1986).

[17] U. BLUM UND E. A. HARTMANN. Facharbeiterorientierte CNC-Steuerungs- und -Vernetzungskonzepte. *Werkstatt und Betrieb* **121**(6) (1988).

[18] A. GROHA. „Universelles Zellenrechnerkonzept für flexible Fertigungszellen". Dissertation, Technische Universität München (1988).

[19] H. GENSCHOW UND H. HAMMER. Duplex-Fertigungszelle zum automatischen Bohren und Fräsen. *Werkstatt und Betrieb* **118**(3) (1983).

[20] E. ENG, D. J. PARRISH UND R. ACHATZ. Parametrisierbare Software zur Steuerung flexibler Fertigungssysteme. *ZwF – CIM* **83**(6) (1983).

[21] E. KOHEN. „Adaptierbare Steuerungssoftware für flexible Fertigungssysteme". Dissertation, RWTH Aachen (1986).

[22] L. RISPOLI. Steuern eines flexiblen Fertigungssystems. *wt – Z.ind.Fertig* **76** (1986).

[23] A. AUER. „Speicherprogrammierbare Steuerungen". Hüthig Verlag, Heidelberg (1987).

[24] H. FINK. „Einsatz Speicherprogrammierbarer Steuerungen in der Fertigungstechnik". Dissertation, Universität Stuttgart (1986).

[25] A. GROHA UND W. SCHÖNECKER. Universelles Zellenrechnerkonzept zur Nutzungsverbesserung flexibler Fertigungssysteme. *wt Werkstattstechnik* **78**, 313–318 (1988).

[26] M. WECK UND N. LANGE. Universelle Ablaufsteuerung für die flexible Fertigung. *VDI-Z* **133**(3), 50–56 (1991).

[27] O. VON DUNGERN. „Planungs- und Autonomiefunktionen zur Steuerung flexibler Montagezellen". Dissertation, Technische Universität München (1991).

[28] T. EDER, G. SCHÄFFER UND P. RAITH. „Fortschrittliche Robotersteuerungstechnik", Kapitel Zellensteuerung, Seiten 15–24. Springer Verlag, Berlin, Heidelberg, 1 Auflage (1991).

[29] A. BELTRAMINI. Modeling industrial plants and the related control through petri nets. In „5th International Conference on Systems Engineering", Seiten 181 – 186, New York (1987).

[30] F. JANZEN, H. KATH, M. MÖHRLE UND H.-J. SEIFERT. Petrinetze in der Produktionstechnik. *ZwF – CIM* **84**(3), 141–145 (1989).

[31] J. SCHELLER UND E. SOMMER. Hierarchisches Steuerungskonzept für flexible Montagezellen. *Automatisierungstechnische Praxis atp* **31**(4) (1989).

[32] T. O. BOUCHER, M. A. JAFARI UND G. A. MEREDITH. Petri net control of an automated manufacturing cell. *Advanced Manufacturing Engineering* **2**(3), 151–157 (1990).

[33] S. H. TENG UND J. T. BLACK. Cellular manufacturing systems modelling: The petri net approach. *Journal of Manufacturing Systems* **9**(1), 45 (1990).

[34] P. O'GRADY UND R. SESHADRI. X-cell – intelligent cell control using object oriented programming. *Computer Integrated Manufacturing Systems* **4**(3), 157–163 (1991).

[35] G. COHEN. Simulated intelligent flexible cell for the assembly of multicomponent systems. *Engineering Applications of Artificial Intelligence* **4**(2), 121–130 (1991).

[36] W. STOLP. Expertensystemunterstützte Simulation und Generierung von Steuersoftware für flexible Fertigungssyteme. *wt – Z.ind.Fertig.* **81**(1), 45–48 (1991).

[37] W. STOLP. Flexible Fertigungssyteme wissensbasiert simulieren und konfigurieren. *ZwF – CIM* **86**(8), 401–405 (1991).

[38] R. J. GRAHAM. The role of perception of time in consumer research. *Journal of Consumer Research* **7**, 335–342 (1981).

[39] REFA (Herausgeber). „Methodenlehre der Planung und Steuerung", Band 1 - 3. Hanser Verlag (1985).

[40] B. PISCHETSRIEDER. Zeitorienierte Ablauforganisation – Anforderungen, Ansatzpunkte, Instrumente. In „Wettbewerbsfaktor Zeit in Produktionsunternehmen, Münchner Kolloquium '91", Seiten 47–64. Institut für Werkzeugmaschinen und Betriebswissenschaften der Technischen Universität München, Springer Verlag (1991).

[41] D. A. LAMB. „Software Engineering". Prentice-Hall, Englewood Cliffs, N.J., 1 Auflage (1988).

[42] M. IMAI. „Kaizen; Der Schlüssel zum Erfolg der Japaner im Wettbewerb". Wirtschaftsverlag Langen Müller Herbig (1991).

[43] J. FLECKENSTEIN. „Zustandsgraphen für SPS – Grafikunterstützte Programmierung und steuerungsunabhängige Darstellung". Dissertation, Universität Stuttgart (1987).

[44] F. JANZEN. „Projektierung von Speicherprogrammierbaren Steuerungen in einer integrierten, rechnerunterstützten Automatisierungsumgebung". Dissertation, Ruhr-Universität Bochum (1990).

[45] DIETER SÖRGEL. SPS-Qualitätssicherung durch Simulation. *Elektronik* (1990).

[46] R. KIELMANN UND H. KIRCHBERGER. Effiziente Inbetriebsetzung durch Simulation des Informationsflusses. *Engineering & Automation* (1991).

[47] G. BRUNO UND M. MORISIO. Petri–net based simulation of manufacturing cells. *IEEE Transactions on Software Engineering* Seite 1174 (1987).

[48] T. HILLER. Process Programming Using Graphical Objects. *Microprocessing and Microprogramming* Seiten 633–638 (1989).

[49] J. SCHMIDT UND H-J. SCHELLBERG. Objektorientierte Programmierung von Steuersoftware. *VDI-Z* **133**(12), 60–65 (1991).

[50] P. MERTENS. Automatisiere Off-line-Programmierung von Industrierobotern am Beispiel des Palettierens. *ZwF – CIM* **81**(9) (1986).

[51] J. S. MOGAL. IGRIP - a graphics simulation for workcell layout and off-line programming. In „RI/SME Robots 10 Conference" (1986).

[52] STEIGER-GARCAO L. M. CAMARINHA-MATOS. An integrated robot cell programming system. *Intl. Symp. and Exhib. on Robots (ISER/19.ISIR)* (1988).

[53] D. M. STOKIC, M. K. YUKOBRATOVIC UND D. B. LEVKOVIC. Simulation of robots in flexible manufacturing cells. *Robotics Computer Integrated Manufacturing* **8**(1), 1 (1991).

[54] J. A. SAUTER UND R. P. JUDD. Applying integrated tools to the design of manufacturing systems. In „AutoFact 90", Seiten 25–1 – 27–17, Detroit (1990).

[55] N. F. DAENZER. „Systems engineering. Leitfaden zur methodischen Durchführung umfangreicher Planungsvorhaben". Verlag Indusrielle Organisation, Zürich (1986).

[56] G. PATZAK. „Systemtechnik – Planung komplexer innovativer Systeme. Grundlagen, Methoden, Techniken." Springer – Verlag, Berlin Heidelberg New York (1982).

[57] Deutscher Normenausschuß. „DIN 66290: Informationsverarbeitung; Gestaltung von Maskenorientierten Dialogsystemen".

[58] Deutscher Normenausschuß. „DIN 66001: Informationsverarbeitung; Sinnbilder und ihre Anwendung".

[59] Deutscher Normenausschuß. „DIN 66262: Informationsverarbeitung; Programmkonstrukte zur Bildung von Programmen mit abgeschlossenen Zweigen".

[60] O. KAZUMASA UND H. KATSUNDO. Analysis of Flexible Machining Cells for Unmanned Production. *International Journal of Production Research* (1991).

[61] J. MILBERG, W. AMANN UND P. RAITH. Beschleunigte Inbetriebnahme von Produktionsanlagen durch getestete Ablaufvorschriften. *VDI-Z* **134**(2), 32–37 (Februar 1992).

[62] R. TAMASSIA, G. DI BATTISTA UND C. BATINI. Automatic graph drawing and readability of diagramms. *IEEE Transactions on Systems, Man, and Cybernetics* (1988).

[63] D. ABEL. „Modellbildung und Analyse ereignisorientierter Systeme mit Petri-Netzen". VDI Verlag, Düsseldorf (1988).

[64] G. SCHMIDT D. GLÜER. Die anwendung von petri-netzen zu modellbildung, simulation und steuerungsentwurf bei flexiblen fertigungssystemen. *Automatisierungstechnik (at)* (12), 463 (1988).

[65] N. WIRTH. „Compilerbau". Teubner Verlag, Stuttgart (1986).

[66] D. E. COMER. „Internetworking with TCP/IP; Principles, Protocols, and Architecture". Prentice-Hall, Englewood Cliffs, N.J., 2 Auflage (1991).

[67] D. E. COMER UND D. L. STEVENS. „Internetworking with TCP/IP; Design, Implementation, and Internals". Prentice-Hall, Englewood Cliffs, N.J. (1991).

[68] C. BURGER. „Produktionsregelung mit entscheidungsunterstützenden Informationssystemen". Dissertation, Technische Universität München (1991).

[69] A. S. TANENBAUM. „Computer Networks". Prentice-Hall, Englewood Cliffs, N.J. (1989).

[70] B. STROUSTRUP. „The C++ Programming Language". Addison-Wesely, Reading, MA (1986).

[71] B. STROUSTRUP. What is object-oriented programming? In „ 1987 USENIX C++ Conference", Seiten 159–180 (1987).

[72] I. POHL. „C++ for C Programmers". The Benjamin/Cummings Publishing Company, Redwood City, Ca. (1989).

[73] J. M. VLISSIDES UND M. LINTON. Applying object-oriented design to structured graphics. In „ 1988 USENIX C++ Conference", Seiten 81–94 (1988).

iwb Forschungsberichte

Berichte aus dem Institut für Werkzeugmaschinen und Betriebswissenschaften der Technischen Universität München

Herausgeber: Prof. Dr.-Ing. J. Milberg

1   Streifinger, E.
Beitrag zur Sicherung der Zuverlässigkeit und Verfügbarkeit
moderner Fertigungsmittel
1986. 72 Abb. 167 Seiten, ISBN 3-540-16391-3   68,- DM

2   Fuchsberger, A.
Untersuchung der spanenden Bearbeitung von Knochen
1986. 90 Abb. 175 Seiten, ISBN 3-540-16392-1   68,- DM

3   Maier, C.
Montageautomatisierung am Beispiel des Schraubens mit
Industrierobotern
1986. 77 Abb. 144 Seiten, ISBN 3-540-16393-X   68,- DM

4   Summer, H.
Modell zur Berechnung verzweigter Antriebsstrukturen
1986. 74 Abb. 197 Seiten, ISBN 3-540-16394-8   68,- DM

5   Simon, W.
Elektrische Vorschubantriebe an NC-Systemen
1986. 141 Abb. 198 Seiten, ISBN 3-540-16693-9   68,- DM

6   Büchs, S.
Analytische Untersuchungen zur Technologie der Kugelbearbeitung
1986. 74 Abb. 173 Seiten, ISBN 3-540-16694-7   68,- DM

7   Hunzinger, I.
Schneiderodierte Oberflächen
1986. 79 Abb. 162 Seiten, ISBN 3-540-16695-5   68,- DM

8   Pilland, U.
Echtzeit-Kollisionsschutz an NC-Drehmaschinen
1986. 54 Abb. 127 Seiten, ISBN 3-540-17274-2   68,- DM

9   Barthelmeß, P.
Montagegerechtes Konstruieren durch die Integration
von Produkt- und Montageprozeßgestaltung
1987. 70 Abb. 144 Seiten, ISBN 3-540-18120-2   68,- DM

10 Reithofer, N.
Nutzungssicherung von flexibel automatisierten Produktionsanlagen
1987. 84 Abb. 176 Seiten, ISBN 3-540-18440-6   68,- DM

11 Diess, H.
Rechnerunterstützte Entwicklung flexibel automatisierter
Montageprozesse
1988. 56 Abb. 144 Seiten, ISBN 3-540-18799-5   73,- DM

12 **Reinhart, G.**
Flexible Automatisierung der Konstruktion
und Fertigung elektrischer Leitungssätze
1988, 112 Abb. 197 Seiten, ISBN 3-540-19003-1   73,- DM

13 **Bürstner, H.**
Investitionsentscheidung in der rechnerintegrierten Produktion
1988, 77 Abb. 190 Seiten, ISBN 3-540-19099-6   73,- DM

14 **Groha, A.**
Universelles Zellenrechnerkonzept für flexible Fertigungssysteme
1988, 74 Abb. 153 Seiten, ISBN 3-540-19182-8   73,- DM

15 **Riese, K.**
Klipsmontage mit Industrierobotern
1988, 92 Abb. 150 Seiten, ISBN 3-540-19183-6   73,- DM

16 **Lutz, P.**
Leitsysteme für rechnerintegrierte Auftragsabwicklung
1988, 44 Abb. 144 Seiten, ISBN 3-540-19260-3   73,- DM

17 **Klippel, C.**
Mobiler Roboter im Materialfluß eines flexiblen Fertigungssystems
1988, 86 Abb. 164 Seiten, ISBN 3-540-50468-0   73,- DM

18 **Rascher, R.**
Experimentelle Untersuchungen zur Technologie der Kugelherstellung
1989, 110 Abb. 200 Seiten, ISBN 3-540-51301-9   73,- DM

19 **Heusler, H.-J.**
Rechnerunterstützte Planung flexibler Montagesysteme
1989, 43 Abb. 154 Seiten, ISBN 3-540-51723-5   73,- DM

20 **Kirchknopf, P.**
Ermittlung modaler Parameter aus Übertragungsfrequenzgängen
1989, 57 Abb. 157 Seiten, ISBN 3-540-51724   73,- DM

21 **Sauerer, Ch.**
Beitrag für ein Zerspanprozeßmodell Metallbandsägen
1990, 89 Abb. 166 Seiten, ISBN 3-540-51868-1   78,- DM

22 **Karstedt, K.**
Positionsbestimmung von Objekten in der Montage-
und Fertigungsautomatisierung
1990, 92 Abb. 157 Seiten, ISBN 3-540-51879-7   78,- DM

23 **Peiker, St.**
Entwicklung eines integrierten NC-Planungssystems
1990, 66 Abb. 180 Seiten, ISBN 3-540-51880-0   78,- DM

24 **Schugmann, R.**
Nachgiebige Werkzeugaufhängungen für die automatische Montage
1990. 71 Abb. 155 Seiren, ISBN 3-540-52138-0   78,- DM

25 **Wrba, P**
Simulation als Werkzeug in der Handhabungstechnik
1990, 125 Abb., 178 Seiten, ISBN 3-540-52231-X   78,- DM

26 **Eibelshäuser, P.**
Rechnerunterstützte experimentelle Modalanalyse
mitells gestufter Sinusanregung
1990, 79 Abb., 156 Seiten, ISBN 3-540-52451-7   78,- DM

27 **Prasch, J.**
Computerunterstützte Planung von chirurgischen Eingriffen
in der Orthopädie
1990, 113 Abb., 164 Seiten, ISBN 3-540-52543-2   78,- DM

28 **Teich, K.**
Prozeßkommunikation und Rechnerverbund in der Produktion
1990, 52 Abb., 158 Seiten, ISBN 3-540-52764-8   78,- DM

29 **Pfrang, W.**
Rechnergestützte und graphische Planung manueller
und teilautomatisierter Arbeitsplätze
1990, 59 Abb., 153 Seiten, ISBN 3-540-52829-6   78,- DM

30 **Tauber, A.**
Modellbildung kinematischer Stukturen
als Komponente der Montageplanung
1990, 93 Abb., 190 Seiten, ISBN 3-540-52911-X   78,- DM

31 **Jäger, A.**
Systematische Planung komplexer Produktionssysteme
1991, 75 Abb., 148 Seiten, ISBN 3-540-53021-5   78,- DM

32 **Hartberger, H.**
Wissensbasierte Simulation komplexer Produktionssysteme
1991, 58 Abb., 154 Seiten, ISBN 3-540-53326-5   78,- DM

33 **Tuczek H.**
Inspektion von Karosseriepreßteilen auf Risse und Einschnürungen
mittels Methoden der Bildverarbeitung
1992, 125 Abb., 179 Seiten, ISBN 3-540-53965-4   88,- DM

34 **Fischbacher, J.**
Planungsstrategien zur strömungstechnischen Optimierung
von Reinraum-Fertigungsgeräten
1991, 60 Abb., 166 Seiten, ISBN 3-540-54027-X   78,- DM

35 **Moser, O.**
3D-Echtzeitkollisionsschutz für Drehmaschinen
1991, 66 Abb., 177 Seiten, ISBN 3-540-54076-8   78,- DM

36 **Naber, H.**
Aufbau und Einsatz eines mobilen Roboters mit
unabhängiger Lokomotions- und Manipulationskomponente
1991, 85 Abb., 139 Seiten, ISBN 3-540-54216-7   78,- DM

37 **Kupec, Th.**
Wissensbasiertes Leitsystem zur Steuerung flexibler Fertigungsanlagen
1991, 68 Abb., 150 Seiten, ISBN 3-540-54260-4   78,- DM

51 **Eubert, P.**
Digitale Zustandsregelung elektrischer Vorschubantriebe
1992, 89 Abb., 159 Seiten, ISBN 3-540-44441-2   88,– DM

52 **Glaas, W.**
Rechnerintegrierte Kabelsatzfertigung
1992, 67 Abb., 140 Seiten, ISBN 3-540-55749-0   88,– DM

53 **Helml, H.J.**
Ein Verfahren zur on-line Fehlererkennung und Diagnose
1992, 60 Abb., 153 Seiten, ISBN 3-540-55750-4   88,– DM

54 **Lang, Ch.**
Wissensbasierte Unterstützung der Verfügbarkeitsplanung
1992, 75 Abb., 150 Seiten, ISBN 3-540-55751-2   88,– DM

55 **Schuster, G.**
Rechnergestütztes Planungssystem für die flexibel
automatisierte Montage
1992, 67 Abb., 135 Seiten, ISBN 3-540-55830-6   88,– DM

56 **Bomm, H.**
Ein Ziel- und Kennzahlensystem zum Investitionscontrolling
komplexer Produktionssysteme
1992, 87 Abb., 195 Seiten, ISBN 3-540-55964-7   88,– DM

57 **Wendt, A.**
Qualitätssicherung in flexibel automatisierten Montagesystemen
1992, 74 Abb., 179 Seiten, ISBN 3-540-56044-0   88,– DM

58 **Hansmaier, H.**
Rechnergestütztes Verfahren zur Geräuschminderung
1993, 67 Abb., 156 Seiten, ISBN 3-540-56043-2   88,– DM

59 **Dilling, U.**
Planung von Fertigungssystemen unterstützt
durch Wirtschaftlichkeitssimulation
1993, 72 Abb., 146 Seiten, ISBN 3-540-56307-5   88,– DM

60 **Strohmayr, R.**
Rechnergestützte Auswahl und Konfiguration
von Zubringeeinrichtungen
1993, 80 Abb., 152 Seiten, ISBN 3-540-56652-X   88,– DM

61 **Glas, J.**
Standardisierter Aufbau anwendungsspezifischer
Zellenrechnersoftware
1993, 80 Abb., 145 Seiten, ISBN 3-540-56890-5   88,– DM

62 **Stetter, R.**
Rechnergestützte Simulationswerkzeuge zur
Effizienzsteigerung des Industrierobotereinsatzes
1994, 91 Abb., 146 Seiten, ISBN 3-540-568891   88,– DM

63 **Dirndorfer, A.**
Robotersysteme zur förderbandsynchronen Montage
1993, 76 Abb, 144 Seiten, ISBN 3-540-57031-4   88,– DM

64 **Wiedemann, M.**
Simulation des Schwingungsverhaltens spanender Werkzeugmaschinen
1993, 81 Abb., 137 Seiten, ISBN 3-540-57177-9   88,– DM

65 **Woenckhaus, Ch.**
Rechnergestütztes System zur automatisierten 3D-Layoutoptimierung
1994, 81 Abb., 140 Selten,ISBN 3540-57284-8   88,- DM

66 **Kummetsteiner, G.**
3D-Bewegungssimulation als integratives Hilfsmittel zur Planung
manueller Montagesysteme
1994, 62 Abb.; 146 Seiten, ISBN 3-540-57535-9   88,- DM

67 **Kugelmann, F.**
Einsatz nachgiebiger Elemente zur wirtschaftlichen Automatisierung
von Produktionssystemen
1993, 76 Abb., 144 Seiten, ISBN 3-540-57549-9   88,- DM

68 **Schwarz, H.**
Simulationsgestützte CAD/CAM-Kopplung für die 3D-Laserbearbeitung
mit integrierter Sensorik
1994, 96 Abb., 148 Seiten, ISBN 3-540-57577-4   88,- DM

69 **Viethen, U.**
Systematik zum Prüfen in Flexiblen Fertigungssytemen
1994, 70 Abb., 142 Seiten, ISBN 3-540-57794-7   88,- DM

70 **Seehuber, M.**
Automatische Inbetriebnahme geschwindigkeitsadaptiver Zustandsregler
1994, 72 Abb., 155 Seiten, ISBN 3-540-57896-X   88,- DM

71 **Amann, W.**
Eine Simulationsumgebung für Planung und Betrieb
von Produktionssystemen
1994, 71 Abb., 129 Seiten, ISBN 3-540-57924-9   88,- DM

73 **Welling, A.**
Effizienter Einsatz bildgebender Sensoren zur Flexibilisierung
automatisierter Handhabungsvorgänge
1994, 66 Abb., 139 Seiten, ISBN 3-540-580-0   88,- DM

74 **Zetlmayer, H,**
Verfahren zur simulationsgestützen Produktionsregelung
in der Einzel- und Kleinserienproduktion
1994, 62 Abb., 143 Seiten, ISBN 3-540-58134-0   88,- DM

75 **Lindl, M.**
Auftragsleittechnik für Konstruktion und Arbeitsplanung
1994, 66 Abb,. 147 Seiten, ISBN 3-540-58221-5   88,- DM

76 **Zipper, B.**
Das integrierte Betriebsmittelwesen – Baustein einer flexiblen Fertigung
1994, 64 Abb., 147 Seiten, ISBN 3-540-58222-3   88,- DM

77 **Raith, P.**
Programmierung und Simulation von Zellenabläufen
in der Arbeitsvorbereitung
1995, 51 Abb., 130 Seiten, ISBN 3-540-58223-1   88,- DM

78 **Engel, A.**
Strömungstechnische Optimierung von Produktionssystemen
durch Simulation
1994, 69 Abb., 160 Seiten, ISBN 3-540-58258-4   88,- DM

79 **Zäh, M. F.**
Dynamisches Prozeßmodell Kreissägen
1995, 95 Abb., 186 Seiten,ISBN 3-540 58624-5   88,– DM

80 **Zwanzer, N.**
Technologisches Prozeßmodell für die Kugelschleifbearbeitung
1995, 65 Abb., 150 Seiten, ISBN 3-540-58634-2   88,– DM

82 **Kahlenberg, R.**
Integrierte Qualitätssicherung in flexiblen Fertigungszellen
1995, 71 Abb., 136 Seiten, ISBN 3-540-58772-1   88,– DM

Die Bände sind im Erscheinungsjahr und in den Folgenden drei Kalenderjahren
zu beziehen durch den örtlichen Buchhandel
oder durch Lange & Springer, Otte-Suhr-Allee 26-28, 10585 Berlin